SELBSTÄNDIG MACHEN

Die goldenen Regeln zur Existenzgründung, Unternehmensführung und Selbstständigkeit – In einfachen Schritten zum erfolgreichen Startup und Unternehmer

INHALT

Einleitung

Ist es nicht der Wunsch eines jeden, beruflich seinen eigenen Weg gehen zu können? Auch Ihnen werden vermutlich diverse Gründe einfallen, die für eine derartige Entscheidung sprechen, z. B.:

- Sie wollen sich nicht ständig über Ihren Vorgesetzten ärgern!
- Sie wollen zukünftig eigene Entscheidungen treffen!
- Sie wollen eigene Ideen umsetzen!
- Sie wollen ihr zukünftiges Berufsleben nach eigenen Wünschen gestalten!
- Sie wollen mehr Freiheiten haben!
- Sie wollen gutes Geld verdienen!

Wenn Sie sich mit diesen Gründen absolut identifizieren können, sollten Sie auf jeden Fall den Weg in die Selbstständigkeit in Betracht ziehen.

Aber aufgepasst: Ein Selbstläufer ist der Weg in eine eigene berufliche Existenz sicher nicht! Theoretisch gesehen, erscheint es doch recht einfach. Sie melden ein Gewerbe an und legen los! Doch wird in den wenigsten Fällen dieser Weg zur beruflichen Erfüllung führen. Wenn es denn so einfach wäre, hätten wir in der Bundesrepublik jede Menge Selbstständige. Wo aber liegen dann die Tücken auf dem Weg in die Selbstständigkeit? Sie liegen z. B. darin, dass sich Ihre persönliche Einstellung der Arbeit gegenüber verändern muss.

- vermutlich kein 8-Stunden Tag die Regel wird.
- zumindest am Anfang der Selbstständigkeit freie Wochenenden zur Rarität werden.
- Sie möglicherweise Verantwortung gegenüber Mitarbeitern übernehmen müssen.
- Sie sich mit Aufgaben, z. B. Buchhaltung, beschäftigen müssen, die Sie

nicht erlernt haben.
Ein weiterer Aspekt, der mit nachfolgender Aussage beschrieben werden kann, kommt noch hinzu:

„Wer selbstständig ist, arbeitet selbst und ständig!"
Eine zutreffende Aussage!

Nun sollen Sie aber nicht gleich zu Beginn dieses Buches in Angst und Schrecken versetzt werden. Sie sollen auch nicht Ihrer Motivation beraubt werden. Ganz im Gegenteil! Die Tipps und Anregungen in diesem Buch werden Sie auf dem Weg in Ihre Selbstständigkeit informativ begleiten. Angefangen von Ihrer Geschäftsidee, über den Businessplan, über die behördliche Bestimmungen, über die Marketingstrategie bis zur Unternehmensgründung.

Die nachfolgenden Informationen sind daher bewusst sehr gründlich und umfangreich beschrieben. Allerdings sollen diese ausführlichen Informationen Sie vor Fehlern schützen, die Sie auf dem Weg zu Ihrer Selbstständigkeit nicht nur vermeiden können, sondern auch sollten. Schließlich soll Ihre Selbstständigkeit doch bis zu Ihrem Renteneintrittsalter für eine unternehmerische, finanzielle Unabhängigkeit sorgen.

ÜBERLEGUNGEN

Eine Existenzgründung sollte nie ohne ehrliche Überlegungen, aber mit einer umfassenden Planung und einer qualifizierten Vorbereitung erfolgen. Nur so können Sie vermeiden, dass Ihre Selbstständigkeit in ein existenzbedrohendes Ende mündet. Zu Beginn sollten erste Überlegungen mit Ihrer persönlichen Ausgangssituation in Verbindung gebracht werden. Es ist sehr wichtig, ob Sie dabei ...

- aus einer Arbeitslosigkeit kommend, sich selbstständig machen wollen?

- aus einer bestehenden Beschäftigung in die Selbstständigkeit eintreten wollen?
- nach einem Studium oder ähnlichen Fachausbildung in eine selbstständige Tätigkeit starten wollen?
- lediglich nebenberuflich einer selbstständigen Tätigkeit nachgehen wollen?

Sie werden sich jetzt vermutlich fragen, warum so viel Wert auf diese Ausgangssituation gelegt wird. Die Antwort ist recht einfach. Je nach Situation werden Ihnen als zukünftigem Unternehmensgründer unterschiedliche Angebote zur Unterstützung, im Regelfall mittels finanzieller Art, zur Verfügung gestellt.

Dafür ist eine gute Voranalyse Ihrer Ausgangssituation (Start) und eine folgende perfekte Einbindung der unterstützenden Maßnahmen mehr als hilfreich für eine erfolgreiche Selbstständigkeit (Ziel).

Ein weiterer Aspekt auf dem Weg in die Selbstständigkeit ist die Auseinandersetzung mit Ihrer Persönlichkeit. Wie sind dabei Ihre sozialen, fachlichen, persönlichen und vor allem Ihre finanziellen Voraussetzungen?

Aus diesen Eigenschaften erklärt sich das Persönlichkeitsprofil, das Sie als Unternehmer vorweisen sollten.

PERSÖNLICHE VORAUSSETZUNGEN

Als Unternehmensgründer sollten Sie einige wichtige persönliche Voraussetzungen, auf dem Weg in Ihre Selbstständigkeit einbringen. Dazu gehören u. a. folgende Eigenschaften:

- Sie sollten keine Angst vor schwierigen Herausforderungen haben.
- Sie sollten eine gewisse Bereitschaft für Risiken besitzen.
- Sie sollten Rückschläge verkraften können.
- Sie sollten bereit sein, sich ständig weiterzubilden.
- Sie sollten das Ziel einer Selbstständigkeit fest vor Augen haben.

- Sie sollten bereit sein, sich mit Ihrer Unabhängigkeit zu identifizieren.
- Sie sollten kreativ Denken und Handeln können.
- Sie sollten kommunikativ auf Kunden zugehen können.
- Sie sollten mit einer hohen Leistungsbereitschaft überzeugen.

Zu weiteren persönlichen Voraussetzungen zählen aber auch....

1. die IST-Situation Ihres familiären Umfeldes.
2. Ihr aktueller Gesundheitszustand.
3. Ihre Kreditwürdigkeit (Banken, Schufa usw.).
4. ein vorhandener Führerschein.

FACHLICHE VORAUSSETZUNGEN

Für eine erfolgreiche Selbstständigkeit ist es unabdingbar, dass Sie Ihre Geschäftsidee nicht nur wohl überlegt haben, sondern auch über das notwendige Know-how verfügen. Dieses Know-how wird insbesondere dann wichtig, wenn Sie planen, finanzielle Unterstützungen, z. B. den Existenzgründerzuschuss, bewilligt von der Agentur für Arbeit, in Anspruch zu nehmen. Dabei wird nicht nur die Tragfähigkeit Ihres Konzeptes geprüft, sondern auch darauf geachtet, dass dieses Know-how durch zertifizierte Unterlagen bestätigt wird. Dazu zählen eine fundierte Schulausbildung, eine entsprechende Berufsausbildung oder ein Meisterbrief bzw. Diplom.

SOZIALE VORAUSSETZUNGEN

Genau genommen versteht man unter diesem Punkt weniger eine Voraussetzung, sondern vielmehr Ihre bisher gelebte Sozialkompetenz, deren Sichtweise sich garantiert durch Ihre Selbstständigkeit verändern wird. Aus einer Zusammenarbeit mit Kollegen wird zukünftig eine Zusammenarbeit mit Mitarbeitern.

Dabei lassen sich aus Ihren bisherigen Verhaltensweisen erklärbare Rückschlüsse ziehen, z. B.:

- Wie haben Sie sich bisher gegenüber Kollegen verhalten?

- ***So verhalten Sie sich auch zukünftig gegenüber Ihren Mitarbeitern!***
- Wie haben Sie früher Ihren Vorgesetzten sachliche Kritik vermittelt? Hatten Sie dann persönliche Erwartungen?
- ***Zukünftig werden Sie angesprochen und Ihre Mitarbeiter erwarten etwas!***
- Wie ausgeprägt war Ihre Kontaktstärke gegenüber Firmenkunden? Wenn es nicht so lief wie geplant, war es Ihnen dann egal?
- ***Zukünftig darf es Ihnen nicht egal sein. Es ist Ihr Umsatz!***
- Wie gingen Sie mit Fehlern Ihrer Kollegen um? War es Ihnen dann egal oder haben Sie bei der Beseitigung dieser Fehler aktiv unterstützt?
- ***Zukünftig müssen Sie unterstützen. Es sind Ihre Kosten!***

VOR- UND NACHTEILE EINER SELBSTSTÄNDIGKEIT

Sehr häufig betrachten Menschen nur die Vorteile einer Selbstständigkeit. Die sind relativ leicht zu formulieren und auch recht vielfältig! Aber es gibt natürlich auch jede Menge Nachteile. Diese möchte man aber möglichst nicht zur Kenntnis nehmen! Doch genau darin liegt ein großer Fehler. Es ist also mehr als sinnvoll, dass Sie sich im Vorfeld der Gründung Klarheit über Vor- und Nachteile verschaffen. Durch diese Gegenüberstellung werden Sie schon in der Planung der Gründung Ihres Unternehmens in die Lage versetzt, festzustellen, ob Sie den Anforderungen einer Selbstständigkeit tatsächlich gewachsen sind oder ob die bessere Alternative für Sie weiterhin ein angestelltes Berufsverhältnis wäre.

Vorteile

Selbstbestimmung

Als Selbstständiger haben Sie nun keinen Vorgesetzten mehr, dafür müssen Sie ab sofort aber selbst Entscheidungen treffen. Sie können allerdings Ihre Wünsche umsetzen und sind an keine fremden Vorstellungen gebunden. Hierzu einige Beispiele:

- Planen Sie Mitarbeiter einzustellen, können Sie eine Auswahl optimal gestalten. Die Suche nach Mitarbeitern ist nicht fremdgesteuert, sondern Sie können sich gezielt die Mitarbeiter aussuchen, zu denen Sie ein persönliches Vertrauensverhältnis aufbauen wollen.
- Die Suche nach Arbeitsräumen können Sie selbst vornehmen. Sie konzipieren nach eigenen Vorstellungen.
- Sie sind frei in der Festlegung Ihrer Arbeitszeiten und Ihr Privatleben kann dadurch besser gestaltet werden.
- Niemand kann Sie an der Umsetzung eigener Ideen hindern.

Wenn Ihre bisherige berufliche Entwicklung nicht so verlaufen ist, wie Sie es sich gerne gewünscht hätten, ist der neue Weg in die eigene Selbstständigkeit das Paradebeispiel für eine persönliche Herausforderung.

Ansehen

Für Sie als Menschen, der den Mut aufbringt, einen Schritt in die Selbstständigkeit zu wagen, wird man Ihnen einen hohen Anteil an Wertschätzung und Respekt entgegenbringen. Sollten Sie zusätzlich noch erfolgreich sein, gehören Sie automatisch zur Elite.

Finanzieller Erfolg

Dieser Vorteil ist sehr plausibel. Anders als im Angestelltenverhältnis, gehen erwirtschaftete Gewinne Ihres eigenen Unternehmens, möglichst sogar dauerhaft, direkt an Sie. Der eigene Geldbeutel ist das beste Signal für den Erfolg Ihres Unternehmens. Allerdings stellt sich im Regelfall dieser Vorteil erst nach einigen Jahren am Markt ein. Zu Beginn einer Selbstständigkeit ist der finanzielle Aspekt eher ein Nachteil (siehe folgender Punkt).

Nachteile

Zeit

Erliegen Sie nicht dem Irrglauben, dass Ihre zukünftige Arbeitszeit oder auch Urlaub als Selbstständiger planbar wären. Vielleicht nach einigen Jahren und einer Etablierung am Markt. Bei der Gründung eines Unternehmens allerdings mit Sicherheit nicht. Arbeitszeiten von 60 Stunden und mehr pro Woche sind eigentlich Standard. Für angestellte Mitarbeiter sicherlich undenkbar! Nicht im Einklang mit diesem hohen Arbeitsaufwand steht dazu in der Anfangsphase des Unternehmens der vermutlich gering ausfallende finanzielle Ertrag.

Risiko / fehlende Sicherheiten

Es dürfte selbstredend sein, dass eine Unternehmensgründung nur mit einem finanziellen Engagement vonstattengehen kann. Doch woher dieses Geld nehmen? Natürlich stehen einige Möglichkeiten für finanzielle Unterstützungen zur Verfügung. Mit einem sehr gut aufgebauten Businessplan wird es auch nicht schwierig sein, das finanzielle Grundgerüst über eine Unterstützung aufzustellen. Doch bedenken Sie, jeder Kredit muss auch später zurückbezahlt werden. Als Selbstständiger gehen Sie somit ein finanzielles Risiko ein und Sie sollten dringend dafür sorgen, dass Ihr Unternehmen Erträge erwirtschaftet, damit eine finanzielle Unterstützung entsprechend bedient werden kann.

Alle Arten finanzieller Unterstützungen können aber auch schnell zu einem persönlichen Finanzproblem führen. Auf der einen Seite fehlt jetzt der Eingang Ihres bisher regelmäßigen Gehaltes bzw. der Lohnfortzahlung im Krankheits- oder Urlaubsfall. Auf der anderen Seite werden Kredite für Neugründungen häufig über Hypotheken auf das private Grundstück des zukünftigen Selbstständigen abgedeckt.

Fehlende Sozialabsicherung

Als Selbstständiger besitzen Sie keine automatische Sozialabsicherung. Sie müssen selbst dafür sorgen. Gerade in der Startphase eines neuen Unternehmens wird aus Kostengründen gerne auf die Einzahlung in eine Sozialversicherung verzichtet. Das bedeutet aber im Umkehrschluss, dass Sie dann auch keinen Anspruch auf Sozialleistungen erwarten können. Noch gravierender wirkt sich dies später aus. Wer nicht in eine Sozialversicherung einzahlt, erhält auch keine Rentenanwartschaft. Im Klartext: Zu Beginn des Renteneintritts fällt eine Rentenzahlung niedriger aus. Es ist also zwingend notwendig, als Selbstständiger für die eigene Absicherung zu sorgen.

Entscheidungen selbst treffen

Nicht jeder hat in seinem Berufsleben gelernt, Entscheidungen zu treffen. Das müssen Sie aber als Selbstständiger. Niemand wird Ihnen helfen. Auch wenn es schwerfällt, müssen Sie es lernen und umsetzen.

Psychische Belastung / Stress

- Sie sind jetzt nicht mehr Angestellter, Sie sind jetzt Chef.
- Es wird von Ihnen erwartet, dass Sie wichtige Entscheidungen selbst treffen.
- Sie haben keine finanzielle Absicherung mehr.
- Es fehlt Ihnen, insbesondere in der Startphase, die Zeit.
- Sie vernachlässigen womöglich Ihre Familie. Dadurch können private Probleme auftreten.

Das sind nur ein paar Faktoren, die in der Summe zu starken psychischen Belastungen führen können. Auch wenn es nicht leicht sein wird, versuchen Sie, diese zu vermeiden. Nehmen Sie daher fachkundige Unterstützung (Psychologen, Mentaltrainer usw.) als Hilfe in Anspruch. Sie müssen gerade am Anfang einer Unternehmensgründung viel Übersicht haben und auch viel Ruhe ausstrahlen.

Bitte beachten!
Umfassend betrachtet sollten Sie sich darüber bewusst sein, dass eine Selbstständigkeit nicht zwingend ein Selbstläufer ist. Es sollte abgewogen werden, wie sich Vor- und Nachteile gegenseitig aufwiegen bzw. ob die Vorteile eine andere Gewichtung als die Nachteile einnehmen. Sollte schlussendlich die imaginäre Waage zu den Vorteilen ausschlagen, spricht nichts gegen das Abenteuer einer selbstständigen beruflichen Tätigkeit.

Selbsttest / Sind Sie als Unternehmer geeignet?

„Ich mache mich selbstständig“.

„Selbstständig. So schwer ist das doch nicht!“

Diese Sätze sind schnell gesagt. Aber ist es wirklich so einfach? Sind Sie überhaupt für eine Selbstständigkeit geeignet? In dem vorherigen Kapitel haben Sie schon einige Eigenschaften vermittelt bekommen, die ein Selbstständiger mitbringen sollte, um Erfolg mit seinem Unternehmen haben zu können. Der Mensch neigt aber leider dazu, das eine oder andere schnell zu vergessen. Um es daher für Sie etwas einfacher zu gestalten, steht Ihnen nachfolgender Persönlichkeitstest zur Verfügung.

Bei diesem Test sind die einzelnen Fragen zwar relativ einfach formuliert, sie entsprechen aber einer wissenschaftlichen Grundlage. Allerdings geben sie Ihnen keine Erfolgsgarantie. Dieser Test dient lediglich dazu, Ihre eigene Einschätzung zu sensibilisieren. Das Ergebnis soll Ihnen dann die Möglichkeit eröffnen, zu entscheiden, ob für Sie eine Selbstständigkeit machbar wäre oder ob Sie besser davon Abstand nehmen sollten.

Dieser Test besteht aus insgesamt 25 Fragen aus den bereits dargestellten Bereichen

- Persönliche Voraussetzungen
- Fachliche Voraussetzungen
- Soziale Voraussetzungen

Bitte beantworten Sie jede Frage mit einem *** Ja *** oder *** Nein *** und kreisen die Antworten entsprechend ein. Das Ergebnis erfahren Sie dann am Ende des Tests.

Beispiel:

1.	Ein sonniger Tag munter mich immer auf	**Ja**	**Nein**
2.	Nach Feierabend möchte ich grundsätzlich meine Ruhe haben	**Ja**	**Nein**

Nachfolgend der Test!

PERSÖNLICHKEITSTEST

1.	Ich mache mich selbstständig, weil ich von meiner Idee sehr überzeugt bin.	**Ja**	**Nein**
2.	Wenn ich mir etwas ernsthaft vornehme, bringt mich keiner davon ab.	**Ja**	**Nein**
3.	Ich bin sehr stark vom Erfolg meines zukünftigen Unternehmens überzeugt.	**Ja**	**Nein**
4.	Ich verfüge über langjährige Erfahrung in dem geplanten Geschäftsfeld.	**Ja**	**Nein**
5.	Mein Netzwerk ist so umfassend, dass ich über ausreichend Kunden verfüge.	**Ja**	**Nein**
6.	Ich habe keine Probleme auf fremde Menschen ein- und zuzugehen.	**Ja**	**Nein**
7.	Ich besitze ein finanzielles Polster bzw. Sicherheiten für die ersten Monate.	**Ja**	**Nein**
8.	Ich wäre auf jeden Fall bereit, ein finanzielles Risiko einzugehen.	**Ja**	**Nein**
9.	Ich verfüge über kaufmännische und betriebswirtschaftliche Kenntnisse.	**Ja**	**Nein**
10.	Ich bin in der Lage einen aussagekräftigen Businessplan zu erstellen.	**Ja**	**Nein**
11.	Ich habe mich über Möglichkeiten einer	**Ja**	**Nein**

	Finanzierung informiert.		
12.	Ich werde meinen Plan der Selbstständigkeit in Ruhe und Bedacht umsetzen.	**Ja**	**Nein**
13.	Ich besitze bereits Führungserfahrung und kann mit Menschen umgehen.	**Ja**	**Nein**
14.	Ich habe keine Angst vor einem Scheitern meines Vorhabens.	**Ja**	**Nein**
15.	Schwierigkeiten betrachte ich stets als Herausforderung, nicht als Problem.	**Ja**	**Nein**
16.	Ich treffe Entscheidung grundsätzlich schnell und zügig, aber mit Bedacht.	**Ja**	**Nein**
17.	Rückschläge lassen mich nicht verzweifeln, sie motivieren mich eher.	**Ja**	**Nein**
18.	Ich denke zielorientiert und lasse mich nicht vom geplanten Weg abbringen.	**Ja**	**Nein**
19.	Meine Familie unterstützt mich bei dem Plan meiner Selbstständigkeit.	**Ja**	**Nein**
20.	Mein Partner hat Möglichkeiten, um für unseren Lebensunterhalt zu sorgen.	**Ja**	**Nein**
21.	Mein Partner und meine Freunde unterstützen mich bei meinem Vorhaben.	**Ja**	**Nein**
22.	Meine Familie akzeptiert, dass ich in der Startphase wenig Zeit habe.	**Ja**	**Nein**
23.	Ich bin bereit, sehr viel von meiner Freizeit für mein Vorhaben zu opfern.	**Ja**	**Nein**
24.	Ich bin physisch (körperlich) absolut belastbar.	**Ja**	**Nein**
25	Ich bin psychisch(geistig) absolut belastbar-	**Ja**	**Nein**

PERSÖNLICHKEITSTEST-ERGEBNIS

Von den Antworten der insgesamt 25 Fragen, fließen lediglich die Antworten mit ***Ja*** in die Wertung ein.

Sie haben eine Punktzahl zwischen **0 – 17** erreicht!

In Ihrer Persönlichkeit neigen Sie zu Folgendem:

- Sie sind im Arbeitsalltag häufig unzufrieden.
- Sie neigen zu Frustration.
- Sie können mit Sonderwünschen schlecht umgehen.
- Sie fühlen sich in Ihrer Tätigkeit ausgebeutet.
- Sie verzichten ungern auf eine soziale Absicherung.
- Sie sind nicht bereit, auf Ihre Freizeit zu verzichten.
- Sie sind nicht bereit, Ihren jetzigen Lebensstandard aufzugeben.
- Sie sind nicht unbedingt risikobereit.
- Sie haben sich noch nicht umfassend mit einer Selbstständigkeit befasst.

Sie träumen zwar von der Selbstständigkeit, und einer Möglichkeit selbst bestimmen zu können, um aus dem Hamsterrad eines Angestellten ausbrechen zu können. Jedoch träumen Sie eben nur. Vom Grundsatz scheuen Sie die Übernahme von Verantwortung. Die Auseinandersetzung mit Kunden und Mitarbeitern würden Sie gerne vermeiden und einem unruhigen Leben möchten Sie sich eigentlich nicht aussetzen. Für Sie ist die Vorstellung, Ihr Geld als selbstständiger Unternehmer zu verdienen, eher ein Gräuel.

Fazit!

Verschwenden Sie weder Mühe bei der Planung bzw. der Umsetzung einer Unternehmensgründung. Sie werden als angestellter

Mitarbeiter weitaus glücklicher sein.

Sie haben eine Punktzahl zwischen **18 – 25** erreicht!

Ihre Persönlichkeit lässt sich folgendermaßen beschreiben:
- Sie beherrschen die lösungsorientierte Arbeit.
- Sie können mit Sonderwünschen gut umgehen.
- Sie scheuen kein Risiko.
- Sie können sich durchsetzen.
- Sie betrachten Rückschläge als Herausforderung.
- Sie sind körperlich gesund und psychisch stabil.
- Sie sind bereit auf Freizeit zu verzichten.
- Sie sind bereit, Ihren jetzigen Lebensstandard zu verändern.
- Sie haben sich sehr umfassend mit Ihrer geplanten Selbstständigkeit befasst.

Sie träumen nicht nur von Ihrer Selbstständigkeit, Sie wollen diese auch. Sie befassen sich schon über einen längeren Zeitraum mit diesem Gedanken und sind eigentlich in Ihren Gedanken schon sehr weit. Sie haben beruflich viel gelernt, Sie haben Erfahrungen gesammelt und Sie haben sich ein Netzwerk aufgebaut. Dies alles wollen Sie in Ihre Unternehmensgründung einbringen.

Fazit!
Sie müssen eigentlich nur noch den letzten Schritt absolvieren, damit Sie als Unternehmensgründer durchstarten können. Sie bringen alles mit, was einen erfolgreichen Unternehmer ausmacht.

Die Geschäftsidee

Jegliche Basis zur Gründung eines Unternehmens ist die Geschäftsidee. Sie steht immer am Anfang jeder Unternehmensgründung. Dabei handelt es sich lediglich um einen Teil aus einem Gesamtkonzept, genauer gesagt, der groben Vorstellung eines Produktes oder einer Dienstleistung. Genau dies soll schließlich später Ihren Kunden angeboten werden.

Selbstverständlich soll Ihre Geschäftsidee auch Ertrag einbringen. Es ist daher zwingend erforderlich, dass Sie die richtige Idee auswählen und diese mit einem passenden Konzept verbinden.

Eine gute Geschäftsidee zu entwickeln, erfordert bereits vor Unternehmensgründung Ihre ganze kreative Energie. Mit der Geschäftsidee müssen Sie sich nicht nur identifizieren, Sie müssen richtig begeistert davon sein. Wenn Sie nicht richtig für Ihre Idee einstehen, werden Sie daher sehr schnell an Motivation verlieren und Ihre Selbstständigkeit in Gefahr bringen. Es ist daher also außerordentlich wichtig, die „richtige" und damit „gute" Geschäftsidee zu finden.

Wie finden Sie aber nun Ihre „richtige" bzw. „gute" Geschäftsidee, mit der Sie sich auch zu 100 Prozent identifizieren können?

Stellen Sie sich dafür einfach folgende Fragen:

- **Warum** habe ich überhaupt das Ziel einer Selbstständigkeit?
- **Welche** Berufsfelder beherrsche ich besonders gut?
- **Woran** habe ich eigentlich Spaß?
- **Was** ist mir für mein zukünftiges Leben wichtig?

Nun gilt die Gründung eines Unternehmens nicht unbedingt als Neuland. Ein Markt ist auf jeden Fall schon vorhanden, egal ob mit alten oder neuen Geschäftsideen. Betrachten Sie einfach gründlich Ihr geschäftliches Umfeld! Suchen Sie nach den gelösten, besser noch nach ungelösten Problemen! Notieren Sie dabei Ihre Erkenntnisse, führen Sie eine Art Brainstorming durch. Sie werden sicherlich auf die unterschiedlichsten Möglichkeiten einer Geschäftsidee kommen. Beantworten Sie dafür ehrlich die * **W** * - Fragen und wählen Sie danach aus Ihrem Brainstorming aus.

Denken Sie bitte daran:
Die Grundlage eines jeden Unternehmens ist die richtige Geschäftsidee!

DIE DREI KATEGORIEN DER GESCHÄFTSIDEEN

Betrachtet man sich aber alle Geschäftsideen einmal etwas gründlicher, stellt man fest, dass sie sich lediglich in 3 Kategorien aufteilen lassen. Es gibt die jahrelang **bewährten**, die mittlerweile **verbesserten** und die absolut **neuen** Geschäftsideen. Wenn man es richtig konzipiert, kann man mit allen durchaus Erfolg erzielen.

Bewährte Geschäftsideen
Diese Ideen werden durch Unternehmen angeboten, die bereits jahrelang am Markt sind. Hierzu gehören z. B. klassische Unternehmen, wie Friseure, Rechtsanwälte, Fitnessstudios oder auch Supermärkte. Auch mit bewährten Geschäftsideen können Sie Geld verdienen. Sie sollten sich allerdings vor der Unternehmensgründung erneut einigen Fragen aussetzen, z. B.:

- Ist der vorhandene Markt bereits ausgeschöpft?
- Gibt es für Ihr Unternehmen vielleicht noch eine Lücke?
- Unterscheidet sich Ihr Unternehmen von den Mitbewerbern?
- Können Sie sich daher am Markt durchsetzen?

Verbesserte Geschäftsideen

Diese Ideen basieren auf bewährte Geschäftsideen, die in Details verbessert wurden. Aber auch hier können Sie Erfolg haben, wenn Sie sich mit Ihrem Produktangebot noch etwas mehr von den Mitbewerbern abheben, z. B.:

- Sie können Probleme besser und schneller lösen als Ihre Mitbewerber!
- Sie bieten umweltfreundlichere Produkte an!
- Sie können kostengünstiger, aber trotzdem gewinnbringend arbeiten!

Beachten Sie aber bei Ihrer Geschäftsidee, dass für Ihre zukünftigen Kunden ein Vorteil zu erkennbar sein muss. Ohne erkennbaren Vorteil wird kein Kunde seinen Geschäftspartner wechseln.

Neue Geschäftsideen

Mit diesen Ideen betreten Sie die höchste Stufe einer Unternehmensgründungen. Um eine völlig neue Geschäftsidee zu entwickeln, sollten Sie sich erneut einigen Fragen stellen.

- **Warum** gibt es noch keine Lösung für Ihre Geschäftsidee?
- **Wer** ist die Zielgruppe dieser Geschäftsidee?
- **Wo** gibt es überhaupt Kunden für Ihre Geschäftsidee?

Neue Geschäftsideen sind für eine Unternehmensgründung die riskantesten. Es liegen keine einschlägigen Marktinformationen vor und daher ist es auch nicht klar, ob eine passende Zielgruppe unter den Kunden vorhanden ist. Andererseits bietet eine neue Geschäftsidee den Vorteil, keine Mitbewerber am Markt zu haben.

DIE GESCHÄFTSIDEE IN SECHS SCHRITTEN

Für welche Variante einer Geschäftsidee Sie sich entscheiden, muss von Ihnen bestimmt werden. Dafür steht Ihnen aber ein einfaches Hilfsmittel zur Verfügung, ein „roten Faden" der Ideenfindung. Dieser „rote Faden" besteht aus insgesamt sechs Teilschritten, der jeder für sich darüber entscheiden kann, ob Ihre Idee erfolgreich oder nicht erfolgreich sein wird.

Die sechs Teilschritte definieren sich im Einzelnen folgendermaßen:

Erkennen / Entwickeln / Schützen /
Präsentieren / Umsetzen / Anpassen

Geschäftsidee erkennen

Sie haben in Ihrem Beruf viel gelernt, Sie haben Erfahrungen gesammelt und Sie haben sich ein Netzwerk aufgebaut. Alles positive Aspekte, die Sie nutzen können. Was fehlt, ist der Trend. Lässt sich überhaupt mit Ihrem Produkt oder Ihrer Dienstleistung eine Nische füllen? Es sollte also schon ein zukünftiger Markt und die entsprechenden Kunden vorhanden sein. Begehen Sie daher nicht den Fehler, davon auszugehen, dass Kunden ausschließlich auf Sie gewartet haben und Sie deshalb das identische Produkt eines Mitbewerbers anbieten können. Ihr Netzwerk würde Ihnen dabei nicht besonders weiterhelfen. Sie müssen sich von den Mitbewerbern abheben. Nur das garantiert Ihren Erfolg.

Geschäftsidee entwickeln

Sie haben den ersten Schritt abgeschlossen. Ihre Geschäftsidee überzeugt und begeistert Sie. Doch würden Sie mit Ihrer Idee auch Kunden begeistern können? Vermutlich nicht, denn nur in wenigen Fällen füllt die Geschäftsidee auch sofort eine Marktlücke aus. Sie müssen also Ihre Geschäftsidee noch bearbeiten. Sie müssen sie für den Kunden interessant machen. Sie müssen Ihre Geschäftsidee entwickeln! Aber wie?

Eine Geschäftsidee zu entwickeln ist relativ einfach. Wie bei allgemeinen Prozessen gibt es auch für diesen Prozess ein systematisches Verfahren, das Ihnen hilfreich zur Seite steht. Das sogenannte „Design Thinking“ ist ein Verfahren, das Sie bei der Entwicklung neuer Ideen unterstützt. Das Ziel dabei ist es, ein Produkt zu entwickeln, das aus Kundensicht nicht nur überzeugend, sondern unschlagbar ist.

Das „Design Thinking“ besteht aus insgesamt fünf Teilschritten:

1. Problemerkennung
2. Problemumgang
3. Alternative Ideen
4. Muster
5. Test

Wie bereits erwähnt, müssen Sie Ihre Geschäftsidee interessant machen. Die Aufgabe ist es, zu erkennen, wo der Kunde ein Problem hat, wie sich sein Problem auswirkt und wie Ihre Geschäftsidee dieses Problem beseitigen kann. Dazu verändern Sie einfach Ihre Sichtweise. Spielen Sie einfach gedanklich Ihren Kunden. Versuchen Sie Motive, Verhaltensweisen und Reaktionen des Kunden zu ergründen. Welche Lösung würden Sie als Kunde bevorzugen und wie könnten Sie sich die Umsetzung vorstellen. Das Ergebnis wird dann die perfekte Entwicklung Ihrer Geschäftsidee sein.

Alternativ können Sie die Position des Kunden auch durch einen Bekannten spielen lassen. Im Spiel wird mit ziemlicher Sicherheit das Problem von den unterschiedlichsten Seiten betrachtet, dadurch die Erkennung intensiver, aber auch sicherer für den Umgang mit Ihrer Geschäftsidee. Eine weitere, zusätzliche Alternative wäre, ganz einfach mit offenen Augen durch die Welt zu gehen. Beobachten Sie sehr genau und befragen Sie Ihre Kunden. Daraus lassen sich eine Menge Rückschlüsse ziehen.

Beim nächsten Teilschritt wird Ihre Kreativität gefordert. Ein Produkt allein dürfte für den Erfolg eines Unternehmens kaum ausreichend sein. Sie benötigen daher Alternativen zu Ihrer Geschäftsidee. Kunden sind immer sehr begeistert, wenn Sie aus einer Palette von Möglichkeiten die Passende für ihr Problem auswählen können. Möglichst auch noch zu günstigeren Konditionen. Setzen Sie Alternativen in Muster um und schaffen Sie daraus eine Struktur, am besten schriftlich.

Das Ergebnis wäre dann Ihr erster „Produktkatalog".

Am Ende sollten Sie aber auch testen, ob dieser „Produktkatalog" den Kunden begeistern wird. Hierbei kommt wieder die bekannte Person ins Spiel, die nun die Person des Kunden einnimmt. Spielen Sie alles durch, auch wenn es Ihnen noch so verrückt zu sein scheint. Nutzen Sie dabei auch Vergleiche zu bereits bekannten Produkten. Erarbeiten Sie dabei die Vorteile Ihres Produktes, Ihrer Dienstleistung heraus.
Vermutlich werden Sie sich jetzt fragen:

- „Was soll eigentlich dieser ganze Aufwand?"
- „Ich will mich doch **nur** selbstständig machen!"
- „Und das noch in einem bestehenden Geschäftsfeld."

Die Antworten darauf können nur lauten, dass die Gründung eines Unternehmens niemals einfach sein wird. Wie bereits am Anfang des Buches erwähnt, soll die Selbstständigkeit Sie doch lange, möglichst bis zu Ihrem Renteneintrittsalter, finanziell unabhängig machen. Selbst innerhalb eines bestehenden Geschäftsfeldes müssen Sie sich von Ihren Mitbewerbern abheben. Dabei wird selbst eine für den Kunden attraktivere und günstigere Preisliste als im Geschäftsfeld üblich, zu einer neuen Geschäftsidee, die umfassend erarbeitet werden muss.

Gehen Sie also sehr, sehr, sehr gründlich bei Ihrer Vorbereitung vor!

Diese gründliche Ausarbeitung Ihrer Geschäftsidee führt nebenbei noch zu einem positiven Nebeneffekt. Sie erhalten zwangsläufig Ihr Geschäftsmodell. Sollten Sie mit finanziellen Fördermitteln planen, werden Sie einen Businessplan erstellen müssen und darin wird das Geschäftsmodell zu einem wichtigen Baustein.

EINE KUNDENZIELGRUPPE ERMITTELN

Nicht nur Neueinsteiger, auch die sogenannten „alten Hasen" konzentrieren sich häufig nur auf ihre Produkte und vor allem auf ihren Umsatz. Das ist grundsätzlich falsch, weil unvollständig. Es fehlt die Zielgruppe, die Kunden. Dabei ist die Zielgruppe nicht nur der entscheidende Faktor für Ihren wirtschaftlichen Erfolg, sondern bestimmt auch direkt Ihre Geschäftsstrategie. Darauf basierend entwickeln Sie Ihre Angebote und mittelfristig auch Ihr Marketing (hierzu später weitere Informationen). Heutzutage scheitert leider jeder dritte Neugründer daran, dass er seine Zielgruppe nicht kennt.

Vermeiden Sie diesen Fehler!

Gerade zum Start eines Unternehmens sollten Sie sehr genau auswählen, welche Kunden in Ihre Wunsch-Zielgruppe passen könnten, aber auch welche nicht. Erneut können Fragen Klarheit schaffen:

- Welche Kunden, sortiert nach Branche, Unternehmensgröße, Region, möchte ich in meine Zielgruppe sicher aufnehmen?
- Welche Kunden möchte ich auf keinen Fall in meine Zielgruppe aufnehmen?
- Welcher Kunde passt zu meinem Unternehmen (persönliche Bekanntschaft, Führungsstil)?

- Welche Kunden passen auf keinen Fall in meine Zielgruppe?
- Welche Kunden könnten von etwaigen Mitbewerbern bedient werden?

Werden diese Fragen geklärt, haben Sie eine vernünftige Basis und können Ihre Zielgruppe zusammenstellen.

Definition einer Zielgruppe

Die Zielgruppe für Ihr Unternehmen sollte lediglich aus den Kunden bestehen, die für Ihre Produkte oder Ihre Dienstleistungen zukünftig einen Bedarf haben. Gehen Sie nicht davon aus, dass alle definierten Kunden wirklich Nutznießer Ihres Produkts oder Dienstleistung sein werden.

Ein sehr hoher Anteil am Erfolg Ihres Unternehmens liegt aber auch in der Gestaltung und Umsetzung zukünftigen Marketingaktionen. Für die entstehenden Angebote sollte Ihre Zielgruppe möglichst homogene Strukturen aufweisen. Das bedeutet, die ganze Gruppe sollte Gemeinsamkeiten aufweisen, die es Ihnen erleichtert, Ihre Marketingaktionen gezielt über eine größere Kundenfrequenz einsetzen zu können.

Gehen Sie gründlich bei der Zusammenstellung Ihrer Zielgruppe vor!

Warum ist eine Zielgruppe wichtig?

Wie bereits erwähnt: Nicht jeder benötigt Ihr Produkt oder Ihre Dienstleistung. Um Erfolg zu haben, glauben viele Unternehmer, dies über die Masse von Kunden zu erzielen. Das ist allerdings grundlegend falsch. Kunden aus der definierten Zielgruppe können viel gezielter angesprochen, informiert und beworben werden. Sie ersparen sich damit viel Aufwand, Zeit und Kosten. Daraus wird auch Ihr unternehmerischer Erfolg resultieren. Kunden, die gezielt beworben werden, entwickeln ein persönliches Interesse daran, was Ihnen wichtig ist. Sie werden sofort die

Vorteile erkennen, die Sie erzielen können und dabei auch recht schnell feststellen, wie Sie sich von der Masse der anderen Unternehmen unterscheiden. Im optimalen Fall bildet sich daraus eine besonders feste Bindung zwischen dem Kunden und Ihrem Unternehmen.

Eine gute Kundenbindung ist das Beste für Ihr Unternehmen!

Fehler in der Zielgruppenermittlung

Sie sollten insbesondere darauf achten, dass Ihre Zielgruppe nicht vernachlässigt wird. Richten Sie sämtliche Marketingaktionen, sei es über Flyer, persönliche Anschreiben, Angebote usw. gezielt auf Ihre Zielgruppe aus.

Allerdings schleichen sich immer wieder Fehler bei der Ansprache an eine Zielgruppe ein.
Die häufigsten sind dabei folgende:

- Ihre Zielgruppe ist zu umfangreich!

Konzentrieren Sie sich mit Ihrem Produkt nur auf die Kunden, die entscheidende Vorteile davon haben. Stellen Sie besonders beim Start Ihres Unternehmens den Kreis Ihrer Kunden erst einmal etwas kleiner zusammen. Dies aber dann mit den wichtigen Kunden.

- Sie wollen es allen Mitgliedern der Zielgruppe recht machen!

Sie kennen bestimmt den allgemein geltenden Spruch:

„Du kannst es nicht allen recht machen“.

Dem ist nichts entgegenzusetzen. Gerade zum Start der unternehmerischen Tätigkeit sollten Sie nicht zu viel anbieten. Beschränken Sie sich also auf die Dinge, die Sie beherrschen.

- Ihre Zielgruppe ist nicht sinnvoll zusammengestellt!

Vorsicht vor dem Blick auf den möglichen Umsatz und lassen Sie sich auf gar keinen Fall blenden. Alle Mitglieder der Zielgruppe müssen die gleichen Voraussetzungen erfüllen. Konzentrieren Sie sich nur auf wenige Produkte. Den Erfolg werden Sie dann ebenfalls am Umsatz erkennen. Es spricht dann nichts dagegen, mittelfristig neue Produkte in Ihr Angebot aufzunehmen und damit die Zielgruppe zu erweitern. Sollten allerdings keine Schnittpunkte mehr vorliegen, legen Sie einfach eine weitere Zielgruppe an. Aber Vorsicht, es kann dabei durchaus zu Verwechslungen innerhalb der Angebote kommen.

- Für Ihre Zielgruppe liegen keine Lösungen / Produkte vor!

Das Ermitteln einer Zielgruppe ist das eine, das Angebot an den Kunden das andere. Wenn dieses Angebot aber nicht passt oder gar nicht vorhanden ist, nützt Ihnen auch die beste Zielgruppe nichts. Im Ergebnis werden Sie nicht ernst genommen und auch nicht als Experte anerkannt. Aber genau das sollte Ihr Ziel sein: Sie sind der Experte! Erarbeiten Sie gründlich die Produkte und die Lösungen. Im Ergebnis können Sie damit auch höhere Preise verlangen.

EINE MARKTANALYSE DURCHFÜHREN

Jede Selbstständigkeit entsteht immer aus einer Idee heraus und je besser sie ausgearbeitet ist, umso mehr beeinflusst sie den unternehmerischen Erfolg. Doch nicht nur die perfekte Ausarbeitung ist wichtig, auch ausreichend Informationen über Kunden und Markt sind von besonderer Bedeutung. Wenn Sie sich nicht sicher sein sollten, ob Ihr Produkt vom Kunden angenommen wird, Ihr Produkt am Markt überhaupt Bedarf hat oder wie sich der Markt zukünftig entwickeln wird, werden Sie auch nicht in der Lage sein, klare unternehmerische Entscheidungen und Strategien zu entwickeln. Deshalb gilt für alle Unternehmensgründer folgende Kernaussage:

Die guten Informationen vor dem Start, garantieren den Erfolg nach dem Start!

Doch wie kommen Sie vor dem Start in die Selbstständigkeit an diese Informationen? Einfach beantwortet: Sie führen im Vorfeld Ihrer Unternehmensgründung eine Marktanalyse durch. Optimal durchgeführt, erkennen Sie daraus die Chancen für Ihr Produkt, aber auch die Risiken. Aus den gesammelten Erkenntnissen einer Marktanalyse treffen Sie dann die richtigen Entscheidungen für Ihre Finanzplanung und der erfolgreichen Selbstständigkeit. Sollten Sie mit finanziellen Fördermitteln planen, ist eine Marktanalyse sogar zwingend erforderlich. Die Marktanalyse ist ein weiterer Baustein für Ihren Businessplan.

Um eine Marktanalyse durchführen zu können, gibt es verschiedene Möglichkeiten, um an entsprechende Informationen zu gelangen. Dazu gehören u. a.:

- Verschiedene Erhebungen und Auswertungen des statistischen Bundesamtes. Diese werden aus Informationen der Gesellschaft und Wirtschaft gesammelt, analysiert und jeden Tag veröffentlicht.
- Analysen mehrerer Marktforschungsinstitute, die täglich in der Presse / im Internet veröffentlicht werden.
- Sie führen eigene Umfragen durch. Dieses Verfahren hat bereits den Vorteil, dass ein möglicher Kunde Sie „zur Kenntnis nimmt" und gespannt sein wird, wie Sie sich am Markt positionieren.

Formen der Marktanalyse

Für eine Marktanalyse stehen unterschiedliche Methoden zur Verfügung. Im Einzelnen handelt es sich dabei um:

- Die Branchen- oder Fachanalyse

Ziel: Die wirtschaftliche Situation der Branche in der Gegenwart und für die Zukunft betrachten.

- Die Absatz- oder Verkaufsanalyse

Ziel: Alle Marktinformationen ermitteln, die Einfluss auf den Absatz Ihres Produktes oder Ihrer Dienstleistung haben.

- Die Vertriebs- oder Marketinganalyse

Ziel: Vertriebswege erkennen, um Zeitpunkte zu erkennen, die einen Verkauf positiv beeinflussen.

- Die Kunden- oder Zielgruppenanalyse

Ziel: Produkte optimal auf die Bedürfnisse der Kunden zu gestalten.

- Die Konkurrenz- oder Wettbewerbsanalyse

Ziel: Die Produkte der Mitbewerber bewerten und dabei deren Stärken und Schwächen ermitteln.

Bei allen Analyseformen müssen Sie aber im Vorfeld der Analyse die Punkte abklären, die Sie als wichtig betrachten, um Ihr Unternehmen erfolgreich am Markt zu positionieren. Das eine definierte Zielgruppe für Ihr Unternehmen von äußerster Wichtigkeit ist, wurde bereits erläutert. Gehen wir also einmal etwas näher auf die Analyse der Kundenzielgruppe ein. Dafür legen Sie zuerst einmal Fragen für Ihre Analyse fest. Nachfolgend sind einmal sechs Fragen als Beispiel, die für die Gründung Ihres Unternehmens durchaus von Wichtigkeit sein könnten. Natürlich dürfen Sie auch mehr oder weitere Fragen festlegen.

Beispiel:

1. **Wie** bezeichnet Ihr zukünftiger Kunde seine wirtschaftliche Situation?
2. **Welche** Bedürfnisse hat Ihr zukünftiger Kunde?
3. **Wie** zeigt sich das Einkaufsverhalten Ihres zukünftigen Kunden?
4. **Was** beeinflusst die Kaufentscheidung Ihres Kunden? (Preis oder Qualität)
5. **Wo** kauft Ihr zukünftiger Kunde? (Einzel- oder Großhandel)
6. **Wie** kauft Ihr zukünftiger Kunde? (Einzel- oder Sammelkauf)

„Fragen Sie!“ **„Nur wer fragt, gewinnt!“**
Wie erhalten Sie aber jetzt die erwünschten Antworten Ihrer Zielgruppe?

Sie können dafür verschiedene Methoden einsetzen, z. B.:

- Sie könnten einen Fragenkatalog über E-Mail verteilen und um Antwort bitten.

1. *Erfolg: Wahrscheinlich gering, wenn nicht sogar negativ.* ***Wirkt fremdartig!***
Sie könnten ein externes Unternehmen damit beauftragen, diesen Fragenkatalog mit Ihren zukünftigen Kunden zu bearbeiten.

2. *Erfolg: Vermutlich ebenfalls gering, eher noch mehr als negativ.* ***Wirkt fremdartig und unpersönlich*!**
Sie könnten auch persönlich auf die Kunden Ihrer Zielgruppe zugehen. Versuchen Sie dann einen Gesprächstermin (kann als Kennenlerntermin angekündigt werden) zu erhalten. Fallen Sie dabei aber nicht mit der Tür ins Haus und stellen sofort Ihre Fragen. Sie hätten dann vermutlich den identischen Effekt wie bei den ersten beiden Varianten. Gehen Sie lieber psychologisch vor und verstecken Ihre Fragen in einem Small-Talk mit Ihrem zukünftigen Kunden. *Erfolg: Sie erhalten garantiert einen optimalen Überblick über Ihre zukünftige Zielgruppe.* ***Sehr persönlich!***

EIN VERTRIEBSKONZEPT / VERTRIEBSZIEL ERARBEITEN

Jedes Unternehmen, gleich ob am Markt etabliert oder neu gegründet, benötigt ein klar durchdachtes Vertriebskonzept. Dafür nutzen Sie im **ersten Schritt** Erkenntnisse aus Ihrer Zielgruppenanalyse, ergänzen diese um Ihr Marktwissen und verbinden dann beides in eine Strategie, mit der Sie rechtzeitig erkennen können, wo die Probleme der Kunden liegen und wie Sie diese beheben können.

So bilden Sie die Basis Ihres Vertriebskonzeptes!

Im **zweiten Schritt** beschäftigen Sie sich mit Ihrem Vertriebsziel. Beantworten Sie für sich folgende Fragen:

- **Welche** Vertriebsziele haben Sie?
- **Wie** wollen Sie diese Vertriebsziele verwirklichen?
- **Welche** speziellen Maßnahmen oder Aktionen benötigen Sie?
- **Wann** planen Sie diese Maßnahmen oder Aktionen?
- **Wie** hoch ist der Kostenumfang für Ihre Maßnahmen oder Aktionen?
- **Wer** plant die speziellen Maßnahmen oder Aktionen?

Denken Sie bei den geplanten Aktionen und Maßnahmen daran, dass der Weg zu Ihrem Vertriebsziel das Produkt ist und genau das muss für Ihren Kunden interessant sein. Es soll ein Problem lösen und damit für den Kunden von Vorteil sein.

Im **dritten Schritt** legen Sie fest, wie Ihr Kunde über Aktionen und Maßnahmen informiert wird. Nicht nur einmalig, sondern dauerhaft. Fast automatisch beschäftigen Sie sich dadurch mit einem Teilbereich Ihres Vertriebskonzeptes, der Kundenbindung. Dazu folgen später noch weitere Informationen.

DIE KUNDENBINDUNG

Eigentlich sind Sie mit Ihrem Unternehmen noch gar nicht am Markt. Warum also sollten Sie sich jetzt schon mit dem Thema Kundenbindung beschäftigen? Diese Frage ist relativ einfach beantwortet: „Weil es für Ihr Unternehmen äußerst wichtig ist!“ Neue Kunden zu gewinnen und diese auch langfristig zu halten ist die hohe Kunst der Kundenbindung. Vorteile können Sie daran erkennen, dass ein zufriedener Kunde beim nächsten Problem wie von selbst erneut auf Ihr Unternehmen zurückgreift. Weitaus wichtiger dabei ist aber noch folgender Aspekt:

Zufriedene Kunden machen unbewusst Werbung für Sie. Das Ergebnis daraus sind weitere neue Kunden!

Und das völlig kostenneutral!
Daher sollten Sie sich im Vorfeld Ihrer Gründung nicht nur Gedanken darüber machen, wie Sie Ihre Kunden zufriedenstellen, sondern auch mit welchen Möglichkeiten Sie eine gute Kundenbindung, natürlich neben der qualitativen Leistung, aufbauen wollen.

Nachfolgend dazu einige Tipps, die Sie in einem Aktionsplan einarbeiten sollten, der mit dem Zeitpunkt der Unternehmensgründung bereits greifen sollte:

- **Anrufen**

Bauen Sie eine regelmäßige Kommunikation zu Ihren Kunden auf. Rufen Sie an und fragen recht zwanglos, wie es ihm geht. Nicht jeden Tag, nicht jede Woche, aber 1 x im Monat wäre schon ideal.

- **Informieren**

Nutzen Sie die Möglichkeiten von Print und Internet. Entwickeln Sie zum Beispiel einen Newsletter, den Sie regelmäßig (quartalsweise) an Kunden verteilen. Gehen Sie dabei nicht nur auf neue oder vorhandene Produkte ein. Schreiben Sie auch ruhig einmal über völlig Neutrales. Ein Mitarbeiterporträt, ein Ereignis auf einer Baustelle (egal ob lustig oder ernst), ein Stadtfest usw. Mit diesen Details setzen Sie sich über den Newsletter von üblichen Werbeunterlagen ab, die der Kunde vermutlich jeden Tag massenhaft erhält. Sie wecken damit das Interesse des Kunden.

- **Aktionen**

Unterschätzen Sie nicht die Wirkung von Kundenkarten, Treuepunkte usw. Der Mensch ist ein Sammler, auch wenn er es mitunter abstreitet. Und auch der Kunde ist ein Mensch.

Bitte beachten!
Aktionen nicht zu Beginn Ihrer Unternehmensgründung umsetzen.

- **Wertschätzen**

Nutzen Sie das Grundbedürfnis eines jeden Menschen, die Wertschätzung. Dazu dient ein einfaches Mittel. Versuchen Sie z. B. das Geburtsdatum Ihres Kunden in Erfahrung zu bringen. Freuen Sie sich nicht selbst über eine Karte mit den besten Wünschen zu Ihrem Geburtstag? Ihr Kunde bestimmt auch! Neben der Tatsache, dass ein Geburtstagswunsch eine Wertschätzung widerspiegelt, bringen Sie sich und natürlich Ihr Unternehmen in Erinnerung. Vielleicht fällt Ihrem Kunden dabei ein, dass er doch noch ein Problem hat und Ihrem Unternehmen das Vertrauen schenkt, es lösen zu können.

- **Überraschen**

Einen ähnlichen Effekt, wie mit einer Geburtstagskarte, erzielen Sie auch mit einem Geschenk. Nutzen Sie doch bestimmte Feiertage, wie z. B. den runden Geburtstag, ein Jubiläum usw. für eine Aufmerksamkeit. Sie müssen keine Unsummen ausgeben, lediglich eine gewisse Individualität beachten. Überraschungen führen immer dazu, dass darüber gesprochen wird. Vielleicht mit einem neuen Kunden? Verschenken Sie aber keine Werbegeschenke. Der positive Effekt würde zunichtegemacht!

- **Rückinformieren**

Installieren Sie in Ihrem zukünftigen Unternehmen ein sogenanntes „Feedback-Programm“. Es muss für Sie eine regelmäßige Aufgabe sein, nach vollendeter Arbeit bei dem Kunden, ein Feedback einzuholen. Egal ob das Feedback positiv oder negativ ausfällt, analysieren Sie die positiven Veränderungen daraus. Negative Feedbacks zeigen Ihnen, an welchen Problemen Sie arbeiten müssen. Reagieren Sie auf keinen Fall bei einem negativen Feedback verärgert. Ein positives Feedback könnte auch dazu führen, dass Sie Ihre Vertriebsstrategie neu aufbauen und das Positive für ein zukünftiges Marketing-Plus nutzen. Ganz nebenbei empfindet sich jeder Kunde bei einem Feedback als ernstgenommen, nimmt vielleicht einen Patzer nicht ganz so übel (wenn er dann schnell korrigiert wird) und bleibt Ihrem Unternehmen ein treuer Kunde.

Unternehmens- / Rechtsformen

Kurz nachgefragt: „Glüht Ihr Kopf schon"? Schließlich haben Sie in den bisherigen Kapiteln 1-3 viele Dinge erfahren, über die Sie sich vor dem Start in Ihre Selbstständigkeit Gedanken machen sollten. Doch leider ist das immer noch nicht alles!

Wir kommen jetzt an einen weiteren, sehr wichtigen Punkt Ihrer Planungen. Vor jeder Gründung muss festgelegt werden, welche Rechtsform ein neues Unternehmen eingehen soll. Leider gibt es dafür keine einzelne, allgemein gültige und damit richtige Rechtsform. Im Gegenteil: Es stehen mehrere Rechtsformen zur Auswahl, aus denen Sie die passende auswählen müssen. Es liegen rechtlich betrachtet auch wichtige Unterschiede bzw. Anforderungen gegenüber dem Unternehmensgründer vor. Dazu gehören z. B. die Themen Kapitalhöhe, Haftungsgröße und Buchführung. Nachfolgend werden Ihnen die verschiedenen Rechtsformen und deren Vor- und Nachteile im Detail vorgestellt.

Wichtig!

Sie müssen zwingend vor der Gewerbeanmeldung die richtige Rechtsform für Ihr Unternehmen auswählen!

Nachfolgend eine kleine Auswahl der Rechtsformen für Neugründungen.

NEUGRÜNDUNG DURCH EINE EINZELPERSON

Wenn Sie als Existenzgründer ein Unternehmen nicht nur allein führen, sondern auch alleiniger Inhaber sind, werden Sie persönlich mit der Rechtsform **Einzelunternehmer** und Ihr Unternehmen als **Einzelunternehmen** bezeichnet. Sie allein tragen dabei als Einzelperson das

unternehmerische Risiko und haften mit Ihrem Privatvermögen in voller Höhe.
Weitere bekannte Rechtsformen sind:

GmbH (Gesellschaft mit beschränkter Haftung).
Die Gründung einer GmbH ist auch **von mehreren** Personen möglich.

Vorteile einer GmbH (Auswahl):

- Keine persönliche Haftung des / der GmbH-Inhaber (Gesellschafter).
- Eigene Mitarbeit wird über ein Gehalt bezahlt.
- Eigene Gestaltungsmöglichkeit im Unternehmen.
- Gewinne der GmbH unterliegen der Körperschaftssteuer. Bei der Ausschüttung von Gewinnen an die Gesellschafter, werden diese über die zu erklärende persönliche Einkommensteuer des Gesellschafters abgerechnet.

Nachteile einer GmbH (Auswahl):

- Die GmbH ist nach Rechtsprechung eine eigene juristische Person.
- Das Vermögen der GmbH zählt nicht zum Privatvermögen des / der Gesellschafter.
- Für die Gründung einer GmbH ist die Einzahlung eines Stammkapitals in Höhe von 25.000,00 Euro fällig. Die Einzahlung muss nicht sofort erfolgen. Sie kann über einen Zeitraum von 2 Jahren gestreckt werden.
- Beglaubigung per Gesellschaftervertrag bei einem Notar.
- Eine GmbH unterliegt dem Insolvenzrecht.
- Eine GmbH erstellt jährlich eine Bilanz-, Gewinn- und Verlustrechnung.
- Schlechte Verkaufsmöglichkeiten aufgrund des hohen Stammkapitals.

UG (haftungsbeschränkte Unternehmergesellschaft).

Die Gründung einer UG ist auch von mehreren Personen möglich.
Bei der UG handelt es sich um eine Sonderform der GmbH. Sie besitzt ein reduziertes Stammkapital von lediglich 1,00 € und damit auch eine reduzierten Haftungsgrenze von lediglich 1,00 Euro.

Vorteile einer UG (Auswahl):

- Alle Vorteile einer GmbH gelten auch für eine UG.
- Für die Gründung einer UG ist lediglich die Einzahlung eines Stammkapitals in Höhe von 1,00 Euro fällig.
- Ein Verkauf der UG kann aufgrund des geringeren Stammkapitals sehr schnell vollzogen werden.

Nachteile einer UG (Auswahl):

- Gewinne der UG können nicht an die Gesellschafter ausgeschüttet werden. Sie müssen bis zur Höhe von 25.000,00 Euro angespart werden.
- Beim Erreichen der erforderlichen Kapitalsumme von 25.000,00 Euro wird eine UG nicht automatisch in eine GmbH umgewandelt. Hierzu müsste ein neuer GmbH-Vertrag mithilfe eines Notars angefertigt werden.
- In der gesamten Geschäftsabwicklung muss immer der Vermerk auf die Rechtsform UG (haftungsbeschränkt) enthalten sein. Kunden und Lieferanten sehen dies häufig als Grund, keine Geschäftsbeziehungen einzugehen.
- Das reduzierte Stammkapital kann schneller zur Insolvenz führen.

Zusammenfassung Vor- und Nachteile GmbH zu UG

Rechtsform	GmbH	UG
Haftung	Beschränkt auf Gesellschaftsvermögen	Beschränkt auf Gesellschaftsvermögen
Kapital / Vermögen	25.000,00 EUR	1,00 EUR
Gewinnausschüttung	Im Verhältnis zu Geschäftsanteilen	Bis zum Erreichen der GmbH-Kapitalsumme keine
Insolvenzgefahr	eher klein	eher groß
Kundenansehen	gut	schlecht
Verkaufsmöglichkeit	schlecht	gut
Persönliche Haftung	keine	keine

Eine weitere Form der Selbstständigkeit einer Einzelperson stellt der Freiberufler dar. Das besondere Erkennungszeichen eines Freiberuflers liegt in seiner eigenständigen Arbeit als Einzelperson. Allerdings kann sich nicht jeder Selbstständige als Freiberufler firmieren. Der Gesetzgeber hat hier klare Regeln festgesetzt. Als Freiberufler sollten Sie eine akademische Ausbildung vorweisen können, alternativ über eine entsprechende Qualifikation verfügen. Die bekanntesten freiberuflichen Tätigkeiten sind z. B.: Erzieher, Journalisten, Ingenieure, Musiker, Ärzte, Hebammen, Tagesmütter, Schriftsteller, Steuerberater, Freelancer usw.

Vorteile eines Freiberuflers (Auswahl):

- Die Auftraggeber können frei ausgesucht werden.
- Der Verdienst kann, aufgrund individueller Preise, höher ausfallen.
- Die Arbeitszeit und der Arbeitsort können im Regelfall frei gewählt werden.

Nachteile eines Freiberuflers (Auswahl):

- Eigenverantwortung für die private Altersvorsorge.
- Keinen festen Feierabend, dadurch unregelmäßiges Privatleben.

NEUGRÜNDUNG DURCH MEHRERE PERSONEN

GbR (Gesellschaft des bürgerlichen Rechts)

Eine Gesellschaft des bürgerlichen Rechts wird von mindestens zwei Personen durch einen Gesellschaftervertrag gegründet. Die GbR ist eigentlich die einfachste Form einer Personengesellschaft, ist schnell und unkompliziert gegründet, sowie sehr kostengünstig. Besonders bei Existenzgründern genießt die GbR eine große Beliebtheit. Übersehen wird allerdings, dass durch einen Gesellschaftervertrag die Inhaber Gesellschafter sind, mit allen Rechten und Haftungsrisiken!

Vorteile einer GbR (Auswahl):

- Geringe Gründungskosten. Gewerbeanmeldung reicht.
- Gesellschaftervertrag kann ohne Notar erledigt werden. Eine einfache schriftliche Willenserklärung ist ausreichend. Theoretisch wäre selbst durch Handschlag eine Unternehmensgründung möglich.
- Bei einem Gewinn unter 50.000,00 Euro keine Pflichten zur doppelten Buchführung.
- Kein Eintrag ins Handelsregister.

Nachteile einer GbR (Auswahl):

- Uneingeschränkte Haftung mit Privatvermögen.
- Finanzierungshilfen nur mit tadelloser Bonität möglich.
- Gewinne einer GbR unterliegen der privaten Steuererklärung.

OHG (Offene Handelsgesellschaft)

Bei der OHG handelt es sich um eine weitere Form einer

Personengesellschaft. Auch die OHG gehört zu den Personengesellschaften und ist auf den Prinzipien der GbR aufgebaut. Eine OHG ist die bevorzugte Form für den Zusammenschluss mehrerer Kaufleute.

Vorteile einer OHG (Auswahl):

- Kein Mindestkapital nötig.
- Relativ freie Gestaltung eines Gesellschaftervertrages.
- Hohes Ansehen bei Kreditinstituten (siehe Nachteile).
- Einfache Führung des Unternehmens.

Nachteile einer OHG (Auswahl):

- Handelsregistereintrag muss durchgeführt werden.
- Pflicht zur doppelten Buchführung.
- Uneingeschränkte Haftung mit Privatvermögen (siehe Vorteile).

Übersicht der wichtigsten Faktoren bei der Gründung eines Unternehmens (ausgenommen OHG)

Faktor	**GmbH**	**UG**	**EU**	**GbR**	**Freiberufler**
Gründung als Einzelperson	ja	ja	ja	**nein**	ja
Gründung > 1 Person	ja	ja	**nein**	ja	ja
Kapitalgesellschaft	ja	ja	**nein**	**nein**	**nein**
Personengesellschaft	**nein**	**nein**	ja	ja	ja
Persönliche Haftung	**nein**	**nein**	ja	ja	ja
Gründung ohne Mindestkapital	**nein**	**nein**	ja	ja	ja
Sacheinlagen als Kapital möglich	ja	ja	**nein**	**nein**	**nein**
Eigenes Geschäftskonto notwendig	ja	ja	**nein**	ja	**nein**
Anmeldung Gewerbeamt	ja	ja	ja	ja	**nein**
Anmeldung Finanzamt	ja	ja	ja	ja	ja
Anmeldung IHK oder HWK	ja	ja	ja	ja	**nein**
Eintrag Handelsregister	ja	ja	**nein**	**nein**	**nein**
Notartermin	ja	ja	**nein**	**nein**	**nein**
Jahresabschluss	ja	ja	**nein**	**nein**	**nein**
Buchführung notwendig	**nein**	**nein**	ja	ja	ja
Bilanzierungspflicht	ja	ja	**nein**	**nein**	**nein**
Einkommensteuer	**nein**	**nein**	ja	ja	ja
Körperschaftsteuer	ja	ja	**nein**	**nein**	**nein**
Gewerbesteuer	ja	ja	ja	ja	**nein**

Der Businessplan

Sie wollen sich selbstständig machen, aber leider fehlt das finanzielle Gerüst. Kein Problem werden Sie sagen. Es gibt doch reichlich Möglichkeiten für eine Finanzbeschaffung. Kredite und Zuschüsse werden schließlich von vielen Banken und Behörden angeboten. Das ist zwar richtig, allerdings wird Sie niemand ohne gute und starke Überzeugungskraft finanziell unterstützen.Umso mehr sollten Sie einen sehr gut aufgebauten Geschäftsplan, den sogenannten Businessplan, erstellen. Dieser Plan sollte u. a. Ihre Geschäftsidee, Ihre Kundenzielgruppe und Ihre geplanten Erträge dokumentieren. Sie müssen allerdings auch eindeutig belegen, wie Ihre Geschäftsidee sich wirtschaftlich rentieren soll und ob sie auch umsetzbar ist.

Es existiert zwar keine allgemeingültige Vorlage für einen Businessplan. Allerdings gibt es eine Leitlinie, die vom Bundesministerium für Wirtschaft und Energie definiert wurde. Diese Leitlinien sollen Sie dahingehend unterstützen, alle wichtigen Faktoren einzubringen. Betrachten Sie die Leitlinien als „roten Faden" des Businessplans. Dabei ist es sehr wichtig, alle Abschnitte Ihres Businessplans korrekt, ehrlich und plausibel zu erarbeiten. Das dabei eine gute Kundenbindung, basierend auf Leistung und Vertrauen äußerst wichtig für den Erfolg Ihres Unternehmens ist, wurde bereits dargestellt. Genauso wichtig ist es, das Vertrauen Ihrer Geldgeber in den Erfolg Ihres zukünftigen Unternehmens zu gewinnen. Denken Sie bei diesen Gesprächen daran:

Sie präsentieren und repräsentieren Ihr zukünftiges Unternehmen!

Da eine Finanzierung im Regelfall mittelfristig, wenn nicht sogar langfristig, aufgestellt werden soll, bietet es sich an, einen Businessplan nicht nur für ein Jahr aufzustellen. Ein Planungszeitraum von mindestens drei Jahren, vielleicht sogar noch länger, sollte es eigentlich schon sein.

DIE STRUKTUR EINES BUSINESSPLANS

Ein Businessplan besteht im Grunde genommen aus zwei größeren Bausteinen, die sich bei der detaillierten Bearbeitung in sehr viele kleine Einzelthemen aufgliedern. Bei den beiden großen Bausteinen handelt es sich um:

Die **qualitativen** Informationen
Hierbei handelt es sich um Hinweise, die **nicht mit** wirtschaftlichen Zahlen belegt werden können. Dazu zählen z. B.:

- Ihre fachlichen Kompetenzen
- Ihr Geschäftsmodell (siehe Kapitel 3.2.)
- Ihre Unternehmensstrategie
- Ihre Kundenzielgruppe
- Ihre Rechtsform

Die **quantitativen** Informationen
Hierbei handelt es sich um Hinweise, die **mit** wirtschaftlichen Zahlen belegt werden können. Dazu zählen z. B.:

- Ihre Investitionen
- Ihr Kapitalbedarf
- Ihr Finanzierungsplan (s. Kapitel 5)
- Ihre Umsatz- und Ertragsplanung
- Ihre Gründungskosten

DIE GLIEDERUNG EINES BUSINESSPLANS

In einem perfekt ausgearbeiteten Businessplan werden alle wichtigen Gründe Ihrer Unternehmensgründung gesammelt und detailliert erläutert. Achten Sie dabei darauf, dass Sie sich auf das Wesentliche, dies aber aussagekräftig, konzentrieren. Halten Sie sich an folgende Kernpunkte:

„kurz" – „knapp" – „kräftig" ausgearbeitet

Unklare Details können nach einer Präsentation noch geklärt bzw. nachgereicht werden. Sie können sicher davon ausgehen, dass vor Bewilligung einer finanziellen Unterstützung noch Fragen aufkommen und Sie diese nochmals erläutern müssen.

In der folgenden Aufstellung wird Ihnen der „rote Faden", die Leitlinie eines Businessplans vorgestellt. Der Herausgeber dieser Leitlinie ist das Bundesministerium für Wirtschaft und Energie. Bei der Leitlinie handelt es sich um die bereits erwähnte Vielzahl von Einzelthemen, die aber teilweise zusammengefasst bearbeitet werden können.

Teil 1: Die Zusammenfassung

- **Wie** lautet der Name des zukünftigen Unternehmens?
- **Wie** lautet der Name des Gründers / der Gründerin?
- **Wie** definieren Sie Ihre Geschäftsidee?
- **Wo** liegen die Besonderheiten / die Exklusivität der Geschäftsidee?
- **Welche** persönlichen Erfahrungen bzw. Kenntnisse werden eingebracht?
- **Welches** Kundenklientel soll erreicht werden?
- **Wie** soll Ihr Produkt / Ihre Produkte dem Kundenklientel angeboten werden?
- **Wie** hoch beläuft sich der Gesamtbedarf Ihrer Finanzierung?

- **Welcher** Umsatz wird in den nächsten 3 Jahren erwartet?
- **Welche** Mitarbeitereinstellungen sind in den nächsten 3 Jahren geplant?
- **Wie** ist Ihre Zielplanung für das Unternehmen?
- **Wie** ist Ihre Risikobewertung für das Unternehmen?
- **Wann** soll das Unternehmen seine Arbeit aufnehmen?

Teil 2: Informationen zur Gründerperson / Gründerpersonen

- **Welche** besonderen Qualifikationen bzw. beruflichen Erfahrungen können Sie in Ihr neues Unternehmen einbringen?
- **Welche** Branchenkenntnisse können Sie vorweisen?
- **Welche** kaufmännischen Kenntnisse, z. B. Buchhaltung, besitzen Sie?
- **Wo** liegen Ihre persönlichen Stärken?
- **Wo** liegen Ihre persönlichen Defizite?
- **Wie** wollen Sie Ihre persönlichen Defizite ausgleichen?
- **Welche** Dienstleistung / **welches** Produkt soll angeboten werden?

Teil 3: Informationen zum Produkt / zur Dienstleistung

- **Was** zeichnet Ihr Produkt / Ihre Dienstleistung besonders aus?
- **Wann** startet der Verkauf Ihres Produktes / Ihrer Dienstleistung?
- **Wurde** Ihr Produkt / Ihre Dienstleistung bereits entwickelt?
- **Welche** Voraussetzungen fehlen noch bis zum Starttermin?
- **Wie** wollen Sie das Produkt vermarkten?
- **Welche** gesetzlichen Vorgaben müssen noch erledigt werden?

Die nachfolgenden Einzelthemen / Fragen beziehen sich lediglich auf die Gründungen, bei denen sich Produkte noch in der Entwicklungsphase befinden:

- **Welche** offenen Entwicklungsschritte liegen noch vor?
- **Wann** wird eine Testserie produziert?
- **Wer** führt diesen Test durch?
- **Welche** Patentierungsverfahren liegen vor?
- **Wann** ist das Patentierungsverfahren abgeschlossen?
- **Welche** technischen Zulassungen sind erforderlich?
- **Welche** Patent- bzw. Musterschutzrechte besitzen Sie oder haben Sie beantragt?

Teil 4: Markt- und Standortanalyse

- **Wo** und wer sind Ihre Kunden?
- **Wie** hoch ist der Anteil bei Privat- Geschäfts- und Großkunden?
- **Welche** Referenzkunden haben Sie? Welcher Umsatz ist damit zu erreichen?
- **Welche** Anforderungen bzw. Probleme haben Ihre zukünftigen Kunden?
- **Wer** sind Ihre Mitbewerber?
- **Wie** sieht das Produktsortiment / Preisgestaltung bei Ihren Mitbewerbern aus?
- **Welche** Stärken / Schwächen weisen Ihre Konkurrenten auf?
- **Welche** Schwächen hat Ihr Unternehmen gegenüber Ihren Konkurrenten?
- **Wie** wollen Sie diese Schwächen ausgleichen?
- **Wo** befindet sich der Standort Ihres Unternehmens?
- **Warum** haben Sie sich für den angegebenen Standort entschieden?
- **Welche** Nachteile bestehen für den Standort Ihres Unternehmens?
- **Wie** wollen Sie diese Nachteile beheben?
- **Welche** Entwicklungsanalyse liegt für Ihren geplanten Standort vor?

Teil 5: Marketing und Vertrieb

- **Worin** sehen Sie den Nutzen des Kunden für Ihr Produkt / Ihre Dienstleistung?
- **Warum** ist Ihr Produkt / Ihre Dienstleistung besser als bei Ihren Mitbewerbern?
- **Welche** besondere Strategie verfolgen Sie bei Ihren Verkaufspreisen?
- **Wie** sieht diese Preisstrategie aus?
- **Wie** kalkulieren Sie Ihre Verkaufspreise?
- **Welchen** Umsatz wollen Sie in unterschiedlichen Zeiträumen erzielen?
- **Wollen** Sie externe Vertriebspartner einbinden?
- **Wie** hoch schätzen Sie die Kosten für den Vertrieb?
- **Wie** wollen Sie Ihre zukünftigen Kunden erreichen?
- **Welche** Maßnahmen wollen Sie für Ihre Werbung treffen?
- **Welche** Kosten kalkulieren Sie für Werbemaßnahmen?

Teil 6: Organisation und Personal

- **Welche** Rechtsform soll Ihr Unternehmen erhalten?
- **Warum** haben Sie sich für diese Rechtsform entschieden?
- **Wie** ist die Organisationsform für Ihr Unternehmen geplant?
- **Wer** übernimmt darin welche Funktionen?
- **Wie** stellen Sie ein Controlling sicher?
- **Welche** Qualifikationen setzen Sie bei Mitarbeitern voraus, die Sie einstellen wollen?
- **Welche** Schulungsmaßnahmen planen Sie für Ihre Mitarbeiter?

Teil 7: Risiken / Chancen

- **Wie** würden Sie die 3 größten Chancen für eine positive Unternehmensentwicklung

definieren?

- **Wie** würden Sie die 3 größten Risiken gegen eine positive Unternehmensentwicklung definieren?

Teil 8: Eigene Lebenshaltungskosten

- **Wie** hoch beziffern Sie Ihre monatlichen Lebenshaltungskosten?
- **Wie** hoch beziffern Sie Ihre jährlichen Lebenshaltungskosten?
- **Wie** hoch beziffern Sie Ihre persönlichen Bedarfskosten für Krankheit, Urlaub usw.?

Teil 9: Finanzierung

- **Wie** hoch schätzen Sie Ihren monatlichen Rechnungseingang (aufgeschlüsselt auf die ersten 3 Geschäftsjahre)?
- Wie hoch beziffern Sie Ihren Kapitalbedarf (aufgeschlüsselt auf die ersten 12 Monate) für
    - Anschaffungen, Material
    - Miete, Leasing, Kraftfahrzeuge
    - Personalkosten
    - Versicherungen
    - Gründungskosten, sonstige Kosten
- **Welche** Kostenvoranschläge liegen Ihnen für Einzelposten des Kapitalbedarfs vor?
- **Wie** hoch beziffern Sie Ihre monatlichen Tilgungs- und Zinsbeträge (aufgeschlüsselt auf das 1. Geschäftsjahr)?
- **Welche** Liquiditätsreserve planen Sie (aufgeschlüsselt auf die ersten 12 Monate)
- **Wie** hoch beziffern Sie Ihr vorhandenes Eigenkapital?
- **Welche** persönlichen Sicherheiten können Sie einsetzen?
- **Welche** weiteren Kapitalgeber stehen zur Verfügung?
- **Welche** Förderprogramme oder Zuschüsse können Sie in Anspruch nehmen?

Teil 10: Allgemeine Unterlagen

- Lebenslauf (tabellarisch)
- Entwürfe von
  - Leasingverträge, Mietvertrag, Gesellschaftervertrag usw.
- Marktanalysen und Kennzahlen
- Gutachten
- Patent- und Schutzrechte
- Aufstellungen der persönlichen Sicherheiten

Für die Ausarbeitung eines Businessplans sollten Sie sich schon einen längeren Zeitraum einplanen. Sie erkennen die Vielzahl der Einzelthemen, zu denen teilweise noch Unterlagen angefertigt bzw. Recherchen eingeholt werden müssen. Das alles lässt sich nicht in wenigen Tagen durchführen, eher über einen Zeitraum von ca. 3 Monaten. Diese Zeitspanne und die dann noch anfallende Zeit für Gespräche mit den diversen Kapitalgebern, Versicherungen, Leasingunternehmen usw. kann daher sehr schnell einen Zeitraum von 6 Monaten und mehr erreichen. Berücksichtigen Sie das in der Planung und der Zeitachse Ihrer Gründung.

Das Konzept einer Finanzierung

In den bisherigen Kapiteln haben Sie Informationen darüber erhalten, welche Planungen und Maßnahmen Sie durchführen sollten, um eine erfolgreiche Selbstständigkeit erzielen zu können. Da es sich hierbei lediglich um Gedankenspiele handelt, sind es allerdings die leichtesten Aufgaben einer Unternehmensgründung. Die folgende Aufgabe ist dagegen weitaus schwieriger, da Sie sich jetzt folgender Frage stellen müssen:

„Wie finanziere ich eigentlich meine Selbstständigkeit?"

Da die Mehrzahl der Unternehmensgründer nicht oder nur in geringen Maßen über ein notwendiges Eigenkapital verfügen, sollten auch Sie sich spätestens jetzt darüber Gedanken machen.

Erarbeiten Sie jetzt Ihr persönliches Finanzierungskonzept!

Ein gutes Finanzierungskonzept wird entscheidend sein, um erfolgreich ein Unternehmen zu gründen. Viele Gründer gehen allerdings viel zu leichtgläubig an diese Aufgabe heran und unterschätzen dabei den tatsächlichen Kapitalbedarf. Dies könnte im Ergebnis auch zu einer Bedrohung Ihrer privaten Existenz führen. Gerade die erwarteten Umsätze zu Beginn der Selbstständigkeit werden dabei überschätzt. Erfahrungswerte haben ergeben, dass ein neu gegründetes Unternehmen frühestens nach sechs Monaten, vermutlich noch später, in die Gewinnzone kommt. Darin liegt auch der Grund, warum neu gegründete Unternehmen in den ersten drei Jahren wieder aufgeben müssen. Nehmen Sie also Ihre Planung gründlich und sehr detailliert vor. Erarbeiten Sie ein

Finanzierungskonzept, das für jeden Kreditgeber durchschaubar sein wird und plausibel erscheint. Daher gilt für ein perfekt ausgearbeitetes Finanzierungskonzept: Je detaillierter Sie es aufbauen,

- ...umso größer ist die Bereitschaft Ihrer Kapitalgeber, Geld zu investieren.
- ...umso kleiner ist die Gefahr, dass ein benötigtes Kapital zu gering kalkuliert wird.

Achten Sie aber vor der Ausarbeitung darauf, dass Ihr Finanzierungskonzept nach Art der geplanten Unternehmensform (siehe Kapitel 4) aufgebaut wird.

Mit dem Finanzierungskonzept entwickeln Sie erneut einen zusätzlichen Baustein für Ihren Businessplan, der schlussendlich für die Entscheidung einer Finanzierung ausschlaggebend ist.

EIN FINANZIERUNGSKONZEPT ERARBEITEN

Für die Ausarbeitung Ihres Finanzierungsbedarfs erstellen Sie zuerst eine Planung auf, den sogenannten Kapitalbedarfsplan. Dieser ist ein Teil des Finanzplans, der Ihnen den kurz-, mittel- bzw. langfristigen Investitionsbedarf anzeigt. Daraus ermitteln Sie Ihren notwendigen Finanzierungs- und Kapitalbedarf.

Der Kapitalbedarfsplan

Die Aufstellung eines Kapitalbedarfsplans ist erneut eine wichtige Maßnahme im Vorfeld einer Unternehmensgründung. Selbst wenn Sie Ihr Unternehmen zu hundert Prozent mit Eigenkapital gründen wollen, sollten Sie einen genauen Überblick über alle notwendigen Anschaffungen haben. Planen Sie dies nicht, kann es schnell zu einem finanziellen Engpass führen. Rechnen Sie aber nicht zu knapp. Denken Sie an einen ausreichenden Puffer. Jeder Existenzgründer wird die Erfahrung sammeln, dass eine noch so gute Planung lediglich solange Bestand hat, bis das

Unvorhergesehene eintritt. Genau einer der Effekte, die eine Unternehmensgründung sehr schnell zum Scheitern bringen können. Wenn es Ihnen dann nicht sehr schnell gelingt, eine Fremdfinanzierung auf die Beine zu stellen, wird Ihr Traum der Selbstständigkeit vermutlich schneller beendet sein, als Ihnen lieb ist. Für öffentliche Fördermittel, die natürlich die günstigste Variante einer Fremdfinanzierung darstellen, ist es dann aber zu spät. Diese müssen grundsätzlich vor der Gründung eines Unternehmens beantragt werden.

Eine optimale Planung beinhaltet 4 Bereiche, wobei die Bereiche 1 + 2 unter dem Begriff „Vorfinanzierung" zu verstehen sind. Für die Kalkulation dieser Kosten sollte auf keinen Fall ein Zeitraum unter 6 Monaten herangezogen werden.

Bereich 1: Der Kapitalbedarf für die Gründungsphase Ihres Unternehmens

Hierzu zählen alle Kosten, die durch Gebühren behördlicher Vorgaben anfallen. Dazu gehören z. B.

- Kosten für externe Unternehmensberater, Notare usw.
- Gebühren für Anmeldungen oder Genehmigungen.

Bereich 2: Den Kapitalbedarf für die Startphase Ihres Unternehmens

Hierzu zählen sämtliche betriebliche Ausgaben, die Sie für das Anlagevermögen und das Umlaufvermögen Ihres Unternehmens benötigen.

- Unter einem Anlagevermögen versteht man u. a. die Kosten für Gebäude, Fahrzeuge, Maschinen, Büroeinrichtungen, Lizenzen usw.
- Unter einem Umlaufvermögen versteht man u. a. die Kosten für Waren, Verwaltung, Personal, Marketing usw.

Für die Ermittlung der Punkte 1 + 2 nachfolgend ein Beispiel für Sie.

Beispiel: Checkliste „Kapitalbedarf für Gründungsphase“

Teil 1

Gründungskosten	**Monatlich**
Kosten für Beratungen	- 0,00 €
Anmeldungen / Genehmigungen	- 0,00 €
Eintrag Handelsregister	- 0,00 €
Notar	- 0,00 €
Sonstiges	- 0,00 €
Gesamt	**- 0,00 €**

Teil 2

Kosten Anlaufphase (6 Monate)	**Monatlich**	**6 Monate**
Kosten für Beratungen	- 0,00 €	- 0,00 €
Patent- / Lizenzgebühren	- 0,00 €	- 0,00 €
Leasing	- 0,00 €	- 0,00 €
Miete / Pacht	- 0,00 €	- 0,00 €
Marketing / Vertrieb	- 0,00 €	- 0,00 €
Werbung	- 0,00 €	- 0,00 €
Steuern	- 0,00 €	- 0,00 €
Versicherungen	- 0,00 €	- 0,00 €
Rücklage für Anlaufphase	- 0,00 €	- 0,00 €
Gehälter / Löhne	- 0,00 €	- 0,00 €
Unternehmerlohn	- 0,00 €	- 0,00 €
Zinsen für Kredite / Tilgung	- 0,00 €	- 0,00 €
Sonstiges	- 0,00 €	- 0,00 €
Gesamt	**- 0,00 €**	**- 0,00 €**

Teil 3

Investitionen (6 Monate)	**Monatlich**	**6 Monate**
Maschinen / Werkzeuge	- 0,00 €	- 0,00 €
Betriebsausstattung	- 0,00 €	- 0,00 €
Büroausstattung	- 0,00 €	- 0,00 €
IT-Ausstattung	- 0,00 €	- 0,00 €
Material und Waren	- 0,00 €	- 0,00 €
Betriebsstoffe / sonstige Waren	- 0,00 €	- 0,00 €
Gesamt	**- 0,00 €**	**- 0,00 €**

Teil 4

Zusammenfassung	**Monatlich**	**Jährlich**
Teil 1 / Gründungskosten	- 0,00 €	- 0,00 €
Teil 2 / Kosten Anlaufphase (6 Monate)	- 0,00 €	- 0,00 €
Teil 3 / Investitionen (6 Monate)	- 0,00 €	- 0,00 €
Gesamt	**- 0,00 €**	**- 0,00 €**

Bereich 3: Kapitalbedarf für die persönliche Sicherung Ihres Lebensunterhaltes

Unternehmensgründung bedeutet nicht automatisch, dass Sie über ein adäquates Einkommen verfügen. Meistens denkt der „Chef" nicht zuerst an sich! Doch leben wollen Sie sicherlich auch! Erstellen Sie eine Liste (Beispiel nachfolgender Tipp / Teil 1-4) mit allen Ausgaben Ihres privaten Unterhalts. Kalkulieren Sie ehrlich und nicht zu knapp. Denken Sie daran, dass auch Sie erkranken bzw. einen Unfall erleiden können oder Reparaturen am Haus fällig werden. Das Ergebnis dieser Aufstellung entspricht dem Gehalt, Ihrem monatlichen „Gehalt". Dieses „Gehalt" muss aber auch, wie alles andere, durch den Ertrag Ihres Unternehmens gedeckt sein.

Beispiel: Checkliste „Ermittlung Unternehmerlohn"

Teil 1

Haushaltskosten (privat)	**Monatlich**	**Jährlich**
Miete, Pachten usw.	- 0,00 €	- 0,00 €
Lebensmittel / Hausrat / Kleidung	- 0,00 €	- 0,00 €
Strom / Heizung / Wasser	- 0,00 €	- 0,00 €
Kfz (Tanken, Kredit- oder Leasingrate)	- 0,00 €	- 0,00 €
Müllabfuhr	- 0,00 €	- 0,00 €
Telekommunikation, Internet	- 0,00 €	- 0,00 €
Freizeit, Hobby usw.	- 0,00 €	- 0,00 €
Kindergarten / Schule usw.	- 0,00 €	- 0,00 €
Sparverträge, sonstige Wertanlagen	- 0,00 €	- 0,00 €
Sonderausgaben (Geschenke, Urlaub)	- 0,00 €	- 0,00 €
Gesamt	**- 0,00 €**	**- 0,00 €**

Teil 2

Versicherungen (privat)	**Monatlich**	**Jährlich**
Lebensversicherung	- 0,00 €	- 0,00 €
Rentenversicherung	- 0,00 €	- 0,00 €
Krankenversicherung	- 0,00 €	- 0,00 €
Unfallversicherung	- 0,00 €	- 0,00 €
Private Haftpflichtversicherung	- 0,00 €	- 0,00 €
Kfz-Haftpflichtversicherung	- 0,00 €	- 0,00 €
Hausratsversicherung	- 0,00 €	- 0,00 €
Rechtsschutzversicherung	- 0,00 €	- 0,00 €

Sonstige Versicherungen	- 0,00 €	- 0,00 €
Gesamt	**- 0,00 €**	**- 0,00 €**

Teil 3

Sonstiges (privat)	**Monatlich**	**Jährlich**
Rücklagen für Steuerzahlungen	- 0,00 €	- 0,00 €
Unterhaltsverpflichtungen	- 0,00 €	- 0,00 €
Tilgung / Zinsen private Darlehen	- 0,00 €	- 0,00 €
Gesamt	**- 0,00 €**	**- 0,00 €**

Teil 4

Einnahmen (privat)	**Monatlich**	**Jährlich**
Einkommen Lebenspartner	+ 0,00 €	+ 0,00 €
Mieteinnahmen	+ 0,00 €	+ 0,00 €
Sonstiges	+ 0,00 €	+ 0,00 €
Gesamt	**+ 0,00 €**	**+ 0,00 €**

Teil 5

Zusammenfassung (privat)	**Monatlich**	**Jährlich**
Teil 1 / Haushaltskosten	- 0,00 €	- 0,00 €
Teil 2 / Versicherungen	- 0,00 €	- 0,00 €
Teil 3 / Sonstiges	- 0,00 €	- 0,00 €
Teil 4 / Einnahmen	+ 0,00 €	+ 0,00 €
Gesamt	**0,00 €**	**0,00 €**

Bereich 4: Die Finanzierung für den Kapitalbedarf

Sie haben bereits einen Kapitalbedarfsplan für Ihr Unternehmen erstellt.

- Doch wie wollen Sie den Kapitalbedarf überhaupt finanzieren?
- Welche Summen für Tilgung und Zinsen fallen an?
- Welche Möglichkeiten nutzen Sie überhaupt für eine Finanzierung?

Jede Menge Fragen. Da macht es doch sicher Sinn, mithilfe eines Plans, einen umfassenden Überblick zu erhalten. Stellen Sie jetzt Ihren Finanzierungsplan auf.

In diesem Plan erfassen Sie die unterschiedlichen Kapitalgeber, die Zinsen, die Tilgungen und die Laufzeiten der Finanzierungen. Nachfolgend ein Beispiel, in dem alles auf einen Blick erkennbar ist!

Beispiel: Einfach aufgebauter Finanzierungsplan

	Betrag	Auszahlung	Laufzeit in Jahren	Zinsen (Monat)	Tilgung (Monat)
Eigenkapital					
Eigeninvestition	0,00 €				
Gründerzuschuss	0,00 €	0,0 %	??	- 0,00 €	- 0,00 €
Privatdarlehen	0,00 €	0,0 %	??	- 0,00 €	- 0,00 €
Private Beteiligungen	0,00 €	0,0 %	??	- 0,00 €	- 0,00 €
weitere	0,00 €	0,0 %	??	- 0,00 €	- 0,00 €
Fremdkapital					
z. B. Gründerkredit „Start-Geld“	0,00 €	0,0 %	??	- 0,00 €	- 0,00 €
Gründerkredit „Universell“	0,00 €	0,0 %	??	- 0,00 €	- 0,00 €

Hausbank	0,00 €	0,0 %	??	- 0,00 €	- 0,00 €
weitere	0,00 €	0,0 %	??	- 0,00 €	- 0,00 €
weitere	0,00 €	0,0 %	??	- 0,00 €	- 0,00 €
Gesamt	**0,00 €**	**0,0 %**		**- 0,00 €**	**- 0,00 €**

Die Rentabilitätsvorschau

Im Anschluss zur Ausarbeitung eines Finanzplans müssen Sie sich aber auch Gedanken zur Rentabilität Ihres Unternehmens machen.

> **„Werde ich zukünftig so viel Geld verdienen, dass die betrieblichen Kosten gedeckt sind, meine privaten Kosten bezahlt werden können und möglichst noch etwas Geld als Reserve übrigbleibt?"**

Einfach ausgedrückt bedeutet dies: Sie müssen Umsatz und einen entsprechenden Ertrag erwirtschaften, und zwar so viel, dass sich sämtliche Kosten mit Überschuss decken. Für diese Klärung steht Ihnen eine weitere Tabelle, die Rentabilitätsvorschau als Hilfsmittel zur Verfügung. Das Ergebnis daraus unterstützt Sie darin, festzustellen, ob sich Ihr Vorhaben rechnet oder ob Sie besser davon Abstand nehmen sollten. Nachfolgend ein Muster einer Rentabilitätsvorschau, basierend auf einer Erfassung über den Zeitraum von 3 Jahren. Das 3. Geschäftsjahr wird besonders kritisch betrachtet. Die Werte sollten daher sehr realistisch sein.

Beispiel: Aufbau einer Rentabilitätsvorschau

Teil 1 – Sachkosten

Aufwendungen	**1. Jahr**	**2. Jahr**	**3. Jahr**
Mieten / Energiekosten	- 0,00	- 0,00	- 0,00
Sonstige Raumkosten	- 0,00	- 0,00	- 0,00
Reparaturen / Instandhaltung	- 0,00	- 0,00	- 0,00
KFZ - Kosten	- 0,00	- 0,00	- 0,00
Telefon / Fax / IT-Kosten	- 0,00	- 0,00	- 0,00
Bürobedarf	- 0,00	- 0,00	- 0,00
Leasinggebühren	- 0,00	- 0,00	- 0,00
Werkstattkosten	- 0,00	- 0,00	- 0,00
Sonstige Aufwendungen	- 0,00	- 0,00	- 0,00
Abschreibungen	- 0,00	- 0,00	- 0,00
Material	- 0,00	- 0,00	- 0,00
Summe	**- 0,00**	**- 0,00**	**- 0,00**

Teil 2 – Personal- und Unternehmenskosten

Aufwendungen	**1. Jahr**	**2. Jahr**	**3. Jahr**
Personalkosten	- 0,00	- 0,00	- 0,00
Unternehmergehalt	- 0,00	- 0,00	- 0,00
Reisekosten	- 0,00	- 0,00	- 0,00
Steuern	- 0,00	- 0,00	- 0,00
Versicherungen / Beiträge	- 0,00	- 0,00	- 0,00
Rechts- / Beratungskosten	- 0,00	- 0,00	- 0,00
Zinsen / Tilgung	- 0,00	- 0,00	- 0,00
Werbung	- 0,00	- 0,00	- 0,00
Summe	**- 0,00**	**- 0,00**	**- 0,00**

Teil 3 – Umsatzerlöse

Aufwendungen	**1. Jahr**	**2. Jahr**	**3. Jahr**
Umsatz (brutto)	0,00	0,00	0,00
Materialeinsatz	- 0,00	- 0,00	- 0,00
Sonstige Erträge (brutto)	0,00	0,00	0,00
Summe	**0,00**	**0,00**	**0,00**

Teil 4 – Ergebnis Rentabilitätsvorschau

Aufwendungen	**1. Jahr**	**2. Jahr**	**3. Jahr**
Summe Sachkosten	- 0,00	- 0,00	- 0,00
Summe Pers. / Untern. Kosten	- 0,00	- 0,00	- 0,00
Summe Umsatzerlöse	0,00	0,00	0,00
Summe	**??**	**??**	**??**

Erscheint im Ergebnis (Summe Teil 4) ein negativer Rentabilitätsertrag, sollten Sie wirklich ernsthaft darüber nachdenken, ob Ihre Entscheidung, ein Unternehmen zu gründen, wirklich richtig ist.

Grundsätzlich hilft Ihnen jedoch die Rentabilitätsvorschau bei anstehenden Gesprächen mit Ihren möglichen Geldgebern. Den diese haben ein großes Interesse daran, ob…

- Ihr zukünftiges Unternehmen Erfolg haben wird.
- Ihre zukünftige unternehmerische Tätigkeit überzeugend wirkt.
- Ihre angestrebten Ziele erreichbar sind.
- Ihre Planzahlen gegenüber den Sollzahlen keine Abweichungen aufweisen.

MÖGLICHKEITEN EINER FINANZIELLEN UNTERSTÜTZUNG

Eine weitere große Aufgabe für Sie als Existenzgründer ist, neben der Ausarbeitung eines Businessplans (siehe hierzu Kapitel 6), auch die

Suche nach einer günstigen Förderung bzw. Finanzierung für Ihr Vorhaben. Dafür stehen Ihnen aber mittlerweile eine Vielzahl von Möglichkeiten zur Verfügung. Angefangen mit Gründerzuschüssen, ERP-Gründerkredite, Investitionskostenzuschüsse, Fördergelder bis hin zu dem klassischen Bankdarlehen ist das Spektrum schier unerschöpflich. Einmal aufgeteilt, gliedern sich die Möglichkeiten einer Förderung / Finanzierung dabei in drei Gruppen:

- Beratungszuschüsse und Beratungsförderungen
- Gründungszuschüsse
- Kredite und Darlehen

Besondere Berücksichtigung für die Gewährung einer Förderung oder Finanzierung für eine Unternehmensgründung ist daher auch Ihre aktuelle berufliche Situation.

- Kommen Sie aus einer Arbeitslosigkeit?
- Kommen Sie aus einem Angestelltenverhältnis?
- Kommen Sie aus einem eben abgeschlossenen Studium?
- Kommen Sie aus einer Rentensituation?

Zusätzlich werden alle Förderungen und Finanzierungsmöglichkeiten noch nach Art eines Unternehmens, nach der Rechtsform und nach dem zukünftigen Geschäftsfeld beurteilt. Diese Kriterien werden allerdings von Bundesland zu Bundesland unterschiedlich bewertet. Es besteht aber auch die Möglichkeit, verschiedene Finanzierungen bzw. Förderungen zu verbinden.

<u>Bitte beachten!</u>

Sie müssen für Förder- und Finanzierungsmittel zwingend den Antrag vor Gründung Ihres Unternehmens stellen!

Danach werden Fördermittel nur noch selten genehmigt und die Geldgeber betrachten eine Finanzierungsanfrage dann als eine Nach- bzw. Folgefinanzierung, aber mit entsprechend höheren Zins- und Tilgungskosten, sowie im Regelfall auch mit höheren Absicherungen.

Sie stehen also vor einer großen Fleißaufgabe, damit Sie die richtige Finanzierung für Ihr neues Unternehmen finden. Am besten lassen Sie sich bei der Suche beraten. Dafür stehen Ihnen einige kostenlose Angebote der Agentur für Arbeit zur Verfügung oder Sie ziehen einen externen Berater hinzu. (Kosten können Sie im Businessplan berücksichtigen!) Sie können / sollten aber unbedingt auch Ihre Hausbank zurate ziehen, die bei Gewährung von Förder- und Finanzmittel unverzichtbar sein wird.

Ihre Hausbank stellt auch Anträge für eine Förderung oder Finanzierung.

Aber Achtung!

Ihre Hausbank ist auch nur ein Wirtschaftsunternehmen und hat in erster Linie das Ziel, eigene Produkte zu „verkaufen". Wägen Sie also ab, ob Ihre Hausbank „verkaufen" will oder in Ihrem Sinne alle Möglichkeiten einer Finanzierung oder Förderung ausschöpft.

Für eine Förderung bzw. Finanzierung sind folgende Kriterien, die alle bereits beschrieben wurden (Kapitel 5 – Businessplan), zwingend notwendig:

- Die Geschäftsidee und der Tätigkeitsbereich Ihrer Neugründung.
- Die Kundenzielgruppe und das Vertriebskonzept Ihres Unternehmens.
- Die ausführliche Marktanalyse.
- Die Rechtsform Ihres Unternehmens.

- Der Businessplan Ihres Unternehmens.
- Das Finanzierungskonzept Ihres Unternehmens.

Nachfolgend aufgeführt sind einige Finanzmodelle für Förderungen bzw. Zuschüsse. Dabei handelt es sich um die geläufigsten Varianten und deren wichtigste Rahmenbedingungen. Weitergehende Infos erhalten Sie entweder von einem Finanzberater Ihrer Hausbank, bei der Agentur für Arbeit oder durch die zuständige Handels- bzw. Handwerkskammer.

Beratungsförderung

Sie können nicht nur während der Gründungsphase Ihres Unternehmens, sondern auch in der Startphase Leistungen von ausgebildeten Beratern in Anspruch nehmen. Die Leistungen werden im Regelfall gefördert. Die Berater sollen Sie dabei nicht nur bei den allgemeinen Fragen zu einer Unternehmensgründung beraten, sie sollen Ihnen auch aktiv bei Details, z. B. bei der Ausarbeitung eines Businessplans, helfen. Die Leistungen unterscheiden sich aber von Bundesland zu Bundesland. Entweder werden Zuschüsse zu den Kosten eines externen Beraters gezahlt oder es werden kostenlose Beratungen durch Fachinstitutionen angeboten.

Während der Gründungsphase

Bevor Sie in der Gründungsphase externe Beratung in Anspruch nehmen, die im Regelfall immer mit Kosten verbunden ist, informieren Sie sich über Fördermöglichkeiten. Örtliche Ansprechpartner dafür sind z. B.:

- die Industrie- und Handwerkskammer
- die Handelskammer
- die einzelnen Berufsverbände

Während der Startphase

Ab der Startphase Ihres Unternehmens steht Ihnen ein bundesweit verfügbares Programm mit der Bezeichnung „Förderung unternehmerischen Knowhows“ zur Verfügung. Hierbei werden Beratungen zu den Themen Organisation, Personal, Unternehmenssicherung und Wirtschaftlichkeit angeboten.

Nutzen können dieses Programm Unternehmen, die

- ...maximal 2 Jahre aktiv sind.
- ...ab dem dritten Jahr einen unternehmerischen Anschub benötigen.
- ...unabhängig vom Unternehmensalter wirtschaftlichen Problemen ausgesetzt sind.

Ein Antrag zur Förderung können Sie mittlerweile einfach online beim Bundesamt für Wirtschaft und Ausfuhrkontrolle, kurz BAFA, stellen.

Bitte beachten!

Erst nach Prüfung und Genehmigung Ihres Antrags kann mit einer Beratung, extern oder intern, gestartet werden. Eine rückwirkende finanzielle Förderung ist ausgeschlossen!

FÖRDERUNGEN UND FINANZIERUNGSMÖGLICHKEITEN

Gründungszuschuss

Bei dieser Form der finanziellen Unterstützung handelt es sich um einen Nachfolger der ehemaligen „ICH-AG“. Diese Förderung können lediglich Empfänger von ALG1, die den Schritt in eine Selbstständigkeit planen, beantragen. Sie besitzen aber keinen Rechtsanspruch darauf und der

Zuschuss ist zusätzlich an einige Voraussetzungen geknüpft:

- Sie üben die zukünftige Selbstständigkeit hauptberuflich aus.
- Sie beenden damit Ihre Arbeitslosigkeit.
- Vor dem Start in Ihre Selbstständigkeit hätten Sie noch einen Anspruch auf ALG1 von mindestens 150 Tagen.
- Sie legen, von einer fachkundigen Institution (z. B.: Ihre Hausbank, IHK oder HWK) beurteilt, folgendes vor:
  - ein Gutachten, in dem Ihr Geschäftsmodell positiv bescheinigt wird.
  - eine Bestätigung, mit der Ihre persönlichen Voraussetzungen (z. B.: Keine Überschuldung) positiv bescheinigt werden.
  - Eine positive Beurteilung über Ihre geplante Geschäftsentwicklung.

Ihr Vermittler bei der Arbeitsagentur wird in einem persönlichen Gespräch nochmals Ihre fachliche Kompetenz und Kenntnisse überprüfen. Dafür wäre es sehr hilfreich, wenn Sie noch weitere entsprechende Unterlagen beisteuern können, die ggf. noch nicht beim Amt vorliegen. Einen Antrag für den Gründungszuschuss müssen Sie direkt bei der Agentur für Arbeit stellen. Ihr Vermittler wird Sie dabei unterstützen. Die Bezugsdauer des Gründungszuschusses beläuft sich in der ersten Stufe auf 6 Monate und hängt von der Höhe Ihres bisherig bezogenen Arbeitslosengeldes ab. Die Formel für die Berechnung lautet dazu:

- Höhe des letzten Arbeitslosengeldes + 300,00 € = Gründungszuschuss

Nach Ablauf der 6 Monate haben Sie einen ergänzenden Anspruch über 9 Monaten auf eine Zahlung von 300,00 €. Sie müssen aber für den Erhalt dieser Zahlung schriftlich nachweisen, dass Sie weiterhin als Selbstständiger aktiv sind.

Einstiegsgeld + Investitionszuschuss

Das Einstiegsgeld als finanzielle Unterstützung kann lediglich von Empfängern des ALG 2 in Anspruch genommen werden. Das Einstiegsgeld wird als eine zusätzliche Sozialleistung betrachtet. Sie wird mit der monatlichen ALG 2-Zahlung in Höhe von 50 % des ALG 2-Anspruchs ausgezahlt. Der Investitionszuschuss ist eine zusätzliche Möglichkeit für Empfänger des ALG 2, den Start in die Selbstständigkeit finanziell zu polstern. Dieser Zuschuss ist aber lediglich für die Beschaffung von Betriebsausstattungen, also für Maschinen, Werkzeuge, Waren und Material vorgesehen. Jeder Antragsteller kann einmalig 5.000,00 € erhalten.

Beide Zuschüsse müssen, wie der Gründungszuschuss, bei der Arbeitsagentur beantragt werden. Das Verfahren bzw. die Vorgaben für eine Genehmigung sind dabei identisch.

Kredite der KfW-Bank

Eine weitere Möglichkeit für eine finanzielle Unterstützung sind die Förderprogramme der Kreditanstalt für Wiederaufbau, der KfW-Bank. Diese Bank wurde bereits 1948 gegründet und sollte den Wiederaufbau der zerstörten deutschen Wirtschaft nach dem Ende des 2. Weltkriegs mit finanziellen Mitteln unterstützen. In den Folgejahren sind immer wieder neue Programme aufgerufen worden, u. a. war die KfW-Bank beim Wiederaufbau der ostdeutschen Wirtschaft eingebunden. Sie unterstützt aber mittlerweile auch die gesamtdeutsche Wirtschaftsförderung und dabei insbesondere die Förderung von Unternehmen aus dem Mittelstand und seit einigen Jahren auch Existenzgründer. Die Gelder stammen dabei aus dem Europäischen Förderprogramm ERP. Sie werden dabei zu besonders günstigen Konditionen angeboten. Kapitaleigner der KfW-Bank sind zu 20 % die Bundesländer, zu 80 % die Bundesrepublik Deutschland. Alle Kreditformen sind vom Staat gefördert, der auch für sämtliche Kredite die Haftung übernimmt. Die Aufsicht obliegt dem jeweiligen Bundesminister für Finanzen. Zu den bekanntesten Kreditangeboten für Existenzgründer zählen

- ERP – Gründerkredit – Start Geld
- ERP – Gründerkredit – universell
- ERP – Kapital für Gründung

<u>Bitte beachten!</u>

Kredite werden nicht direkt bei der KfW-Bank beantragt. Sie werden immer in Verbindung mit einem Antrag von Ihrer Hausbank vergeben.

Zur Erklärung: Sie benötigen einen Gesamtkredit von 120.000,00 €. Ihre Hausbank gewährt Ihnen diese Kreditsumme, wobei 100.000,00 € von der KfW-Bank und 20.000,00 € durch Ihre Hausbank bereitgestellt werden. Für 100.000,00 € übernimmt die KfW-Bank das Risiko, d. h. bei einer eintretenden Zahlungsunfähigkeit durch Sie, erhält die Hausbank den offenen Kreditbetrag aus den 100.000,00 € erstattet. Nur für die restlichen 20.000,00 € übernimmt die Hausbank die Risikohaftung. Dadurch fällt es den Hausbanken auch etwas leichter, einen Kredit zu vergeben. Die KfW-Bank verlässt sich dabei auf durchgeführte Prüfungen Ihrer Bonität und des gesamten Vorhabens auf die Hausbank.

<u>ERP – Gründerkredit – Start Geld</u>

Mit diesem Kreditmodel unterstützt die KfW-Bank die Investitionen und Betriebsmittel für Ihr neues Unternehmen. Die maximale Kreditsumme des ERP – Gründerkredit – Start Geld beträgt 100.000,00 € und kann im Falle, dass zwei Personen ein neues Unternehmen gründen auch doppelt beantragt werden. In der Summe also 200.000,00 €. Durch diese finanzielle Unterstützung soll erreicht werden, dass Ihr Unternehmen mit einer optimalen Ausstattung, durchdachten Investitionen und betriebswirtschaftlichen Maßnahmen ausgestattet wird und wirtschaftlich einen Erfolg erzielen kann. Zutreffenden Maßnahmen und Investitionen können z. B. sein:

- Übernahmekosten (z. B. Abfindungen) eines bestehenden Unternehmens bei Übernahme der Position als Geschäftsführer.
- Beteiligungskosten an einem existierenden Unternehmen.
- Kosten für Grundstücke und Immobilien (vorhanden oder neu).
- Büroeinrichtungen, Maschinen, Werkzeuge und Fahrzeuge.
- Lizenzen und Patente.
- Waren und Betriebsstoffe.
- Personalkosten.
- Kosten für Vertrieb, Marketing und Beratung.
- Kosten für Software.

Dabei müssen diese entsprechenden Anschaffungen nicht auf einmal erfolgen. Dieser Kredit steht in den ersten 3 Jahren nach Unternehmensgründung zur Verfügung, kann allerdings nicht gemeinsam mit anderen Förderprogrammen genutzt werden.

Auszüge aus den Rahmenbedingungen des ERP – Gründerkredit – Start Geld

- Finanzierungs- und Auszahlungshöhe des benötigten Kapitals zu 100 %
- Bei 1 Person 100.000,00 €, bei 2 Personen jeweils 100.000,00 €
- Laufzeit 5 oder 10 Jahre mit der Möglichkeit einer Sondertilgung (Verkürzung der Laufzeit)
- Bei einer Laufzeit von 5 Jahren das 1. Jahr tilgungsfrei, bei einer Laufzeit von 10 Jahren die ersten 2 Jahre tilgungsfrei
- Zinsbindung während der gesamten Laufzeit
- Keine besonderen, allerdings bankübliche, Sicherheiten
- Freistellung des Kreditausfallrisikos von der Hausbank in Höhe von 80 Prozent (dadurch leichtere Kreditvergabe)
- Voraussetzung für Kreditvergabe = optimal ausgearbeiteter Businessplan

- Keine Gewährung für Übernahmen von wirtschaftlich angeschlagenen Unternehmen
- Kreditvergabe auch an Selbstständige in einem Nebenerwerb
- Eigenkapital nicht erforderlich
- Allerdings sind einige Vorhaben von der Kreditvergabe ausgenommen. Dazu gehören z. B.:
- Der Erwerb eigener Unternehmensanteile (z. B. GmbH-Anteile)
- Umschuldungen
- „Stille“ Beteiligungen
- Weitere Informationen dazu erhalten Sie bei Ihrer Hausbank.

ERP – Gründerkredit – universell

Dieses Kreditmodel steht für alle Varianten einer Existenzgründung. Darunter fallen z. B. Neugründungen, Übernahmen von bereits aktiven Unternehmen oder Regelungen für eine Nachfolge. Die Maßnahmen, Investitionen und Kreditausschlüsse, für die diese Kreditform zugrunde gelegt werden, sind die gleichen, wie beim ERP – Gründerkredit – Start. Dabei ist aber interessant, dass dieser Kredit auch für Sanierungsmaßnahmen aktiver Unternehmen, die in einer Zeitspanne von 5 Jahren ihre Tätigkeit begonnen haben, herangezogen werden kann. Es ist somit ein Kredit, der für Existenzgründer innerhalb einer längeren Nutzungszeit genutzt werden kann.

Auszüge aus den Rahmenbedingungen des ERP – Gründerkredit – universell

- Finanzierungs- und Auszahlungshöhe für kleine und mittlere Unternehmen bis
  - maximal 25 Prozent des letzten Jahresumsatzes
  - maximal das 2-fache der angefallenen Lohnkosten des letzten Geschäftsjahres
  - den Liquiditätsbedarf für 18 Monate

- die Investitionskosten und Betriebsmittel zu 100 Prozent
- Freistellung des Kreditausfallrisikos von der Hausbank in Höhe von 90 Prozent (dadurch leichtere Kreditvergabe)
- Laufzeit 5 Jahre mit der Möglichkeit einer Sondertilgung (Verkürzung der Laufzeit), das erste Jahr tilgungsfrei
- Zinsbindung während der gesamten Laufzeit
- Eigenkapital nicht erforderlich

- Voraussetzung für Kreditvergabe = optimal ausgearbeiteter Businessplan

Nicht zur Verfügung steht dieser Kredit z. B. für:

- Unternehmen, die vor 5 Jahren ihre Tätigkeit aufgenommen haben
- Unternehmen, die am Ende des Vorjahres in wirtschaftlichen Schwierigkeiten waren

Weitere Informationen dazu erhalten Sie auch hierzu bei Ihrer Hausbank.

ERP – Kapital für Gründung

Auch diese Kreditform ist nahezu gleich aufgebaut, wie die bereits erwähnten Kreditformen. Gefördert werden Existenzgründer (auch Freiberufler) und Unternehmensnachfolger, die Beteiligung an einem Unternehmen als Geschäftsführer und für die Festigung eines jungen, bereits am Markt aktiven Unternehmens. Es steht Ihnen als höchstmögliche Kreditsumme ein Betrag von 500.000,00 € zur Verfügung.

Auszüge aus den Rahmenbedingungen des ERP – Kapital für Gründung

- Finanzierung des benötigten Kapitals zu 100 %
- Auszahlungshöhe bis zu 500.000,00 € pro Antragsteller
- Kreditlaufzeit 15 Jahre, Zinsbindung für 10 Jahre
- Für 7 Jahre tilgungsfrei, gezahlt werden lediglich Zinsen

- Sondertilgung, teilweise oder gesamt, jederzeit möglich
- Persönliche Haftung für die Rückzahlung des gesamten Kredites
- Eigenkapital in Höhe von 10-15 Prozent der Kreditsumme erforderlich (z. B. über eigene Mittel, andere Kreditverträge oder Förderungen)

Nicht zur Verfügung steht dieser Kredit z. B. für:

- Unternehmen, die vor mehr als 3 Jahren ihre Tätigkeit aufgenommen haben
- Unternehmen, die am Ende des Vorjahres in wirtschaftlichen Schwierigkeiten waren
- Unternehmen, die Sie nur vorläufig im Nebenerwerb führen
- Große Unternehmen, mit mehr als 250 Mitarbeitern

Mikrokredit

Zu den immer beliebter werdenden Varianten einer Kapitalfindung zählt mittlerweile der sogenannte Mikrokredit. Bei dieser Finanzierung können Sie mit kleinem Kapital Ihren Plan der Selbstständigkeit umsetzen. Unter einem Mikrokredit versteht man Darlehen, mit einem Betrag zwischen 1,00 €-25.000,00 €. Gezahlt werden diese Kredite aus einem Fonds, dem Mikrofinanzfonds, der durch die Gemeinschaftsbank für Leihen und Schenken, der GLS-Bank, verwaltet wird. Die GLS-Bank wiederum ist ein Zusammenschluss aus der KfW-Bank und dem Bundesministerium für Wirtschaft bzw. Arbeit und Soziales.

Anträge zur Gewährung eines Mikrokredites werden bei den Kooperationspartnern der GLS-Bank gestellt. Diese Partner, die akkreditierten Mikrofinanzinstitute (MFI) finden Sie in jedem Bundesland. Bei den MFI erhalten Sie eine entsprechende Beratung, Ihr Antrag wird durch die MFI geprüft und mit einer positiven Empfehlung an die GLS-Bank weitergeleitet, von der dann auch die Auszahlung des Kredites erfolgt. Während der gesamten Laufzeit des Kredites werden Sie von den MFI betreut. Ein Mikrokredit ist nicht nur eine Alternative für kurzfristige

Finanzlücken bei einem bereits bestehenden Unternehmen, sondern auch ein schneller Zugang zu Kapital für kleine Unternehmensgründungen (Freiberufler).

Vorteile eines Mikrokredites

- Flexible Einsatzmöglichkeit
- Beantragung neben einem bereits bestehenden Bankkredit möglich
- Auch für Gründungen im Nebenerwerb möglich
- Kein Ausschluss bestimmter Unternehmensbranchen
- Schnelle, unkomplizierte Bearbeitung
- Schnelle Auszahlung der Kreditsumme (zu 100 Prozent)
- Kreditvergabe nach bisherigen Unternehmenszahlen oder Schufa-Auskunft
- MFI stehen während der gesamten Kreditlaufzeit als Berater zur Verfügung
- Hilfestellung bei Schwierigkeiten während der Rückzahlung des Kredites
- Sonderzahlungen bzw. komplette Kreditauflösung jederzeit möglich
- Kredit kann wiederholt beantragt werden. Voraussetzung: der vorherige Kredit wurde problemlos zurückgezahlt.

Nachteile eines Mikrokredites

- Kreditlaufzeit auf 3 Jahre begrenzt
- Maximale Kreditsumme beträgt 20.000,00 €
- Hohe monatliche Tilgungsrate aufgrund geringer Laufzeit

Aber Achtung!

Auch die MFI sind schlussendlich Finanzunternehmen, die in erster Linie das Ziel haben, Produkte zu „verkaufen". Wägen

Sie also genau ab, ob Ihre MFI sich ausschließlich um den Mikrokredit kümmert oder auch Zusatzprodukte (z. B.: Versicherungen) verkaufen will.

Bürgschaften

Nicht immer ist eine Kapitalsuche für die Unternehmensgründung einfach. Im Regelfall steht kaum Eigenkapital zur Verfügung. Bleibt also lediglich der Gang zur Bank.

Doch was ist, wenn die Bank Ihre Idee einer Selbstständigkeit nicht zielführend findet und gleichzeitig Ihre Schufa-Auskunft auch nicht gerade überzeugend ist?

- Das Ergebnis wäre, dass Banken und Finanzinstitute zusätzliche Sicherheiten von Ihnen verlangen, um das Verlustrisiko zu minimieren. Oft muss dann das eigene Grundstück mit einer Hypothek beliehen werden. Vielleicht kann aber auch noch eine aktuelle Lebensversicherung beliehen werden.

Was ist allerdings, wenn beides nicht vorhanden ist?

- Auch in dieser Situation muss Ihr Traum der Selbstständigkeit nicht platzen. Selbst für diesen, höchst komplizierten, Fall gibt es eine Lösungsmöglichkeit. Sie stellen den Antrag für eine Bürgschaft bei einer Bürgschaftsbank, ansässig in jedem Bundesland. Nach einer Bewilligung des Antrags übernimmt die Bürgschaftsbank gegenüber Ihrer Hausbank die Haftung für ein Ausfallrisiko in Höhe zwischen 80-100 Prozent. Ihre Hausbank wird dies zum Anlass nehmen, die Kreditanfrage abzuwickeln.

Allerdings bedeutet die Übernahme einer Bürgschaft nicht automatisch, dass Sie auch von einer persönlichen Haftung entbunden werden. Im Gegensatz zu einer „normalen" Bank wird die Bürgschaftsbank nicht mit harten Sanktionen, wie z. B. Zwangsversteigerung, agieren. Sie wird vielmehr mit Ihnen nach einer Lösung suchen und versuchen, moderate

Rückzahlungsraten des offenen Kreditbetrages zu vereinbaren. Im Regelfall erfolgt dies über eine, durchaus auch langfristige, Rückzahlung in Raten. Der Vorteil liegt dabei in der Tatsache, dass Ihre persönliche Altersvorsorge (Lebensversicherung) nicht angegriffen wird.

Bei den Bürgschaften unterscheidet man zwei Varianten.

- Die klassische Bürgschaft
- Die Bürgschaft ohne Bank

Die klassische Bürgschaft

Die klassische Bürgschaft ist die richtige Alternative, wenn Sie sich bereits in Gesprächen mit Ihrer Hausbank über einen Finanzierungskredit befinden, aber aufgrund der erwähnten, fehlenden Sicherheiten nicht einigen können. Die Bürgschaftsbank vergibt nach Antrag Bürgschaften bis zu einer Höhe von 1.000.000,00 €. Somit dürfte Ihre Hausbank aufgrund dieser zugesicherten Haftung durch die Bürgschaftsbank kein Problem mehr sehen, Ihnen einen Kredit zu gewähren. Völlig kostenlos ist aber eine Bürgschaft nicht. Auch eine Bürgschaftsbank möchte durch ihre Leistung etwas verdienen. Für die Kosten einer Bürgschaft fallen an:

- Für jeden Antrag, egal ob bewilligt oder abgelehnt, wird eine einmalige Zahlung fällig. Diese Einmalzahlung liegt je nach Standort der Bürgschaftsbank zwischen 200,00-250,00 €.
- Für die Bewilligung einer Bürgschaft wird 1 % der Kreditsumme als Einmalzahlung fällig.
- Für jedes Jahr wird eine Provision, wieder je nach Bundesland unterschiedlich, in einer Höhe zwischen 1-1,25 % fällig. Diese Provision ist ebenfalls als Einmalzahlung jährlich zu erfüllen.
- Für die Antragsstellung einer Bürgschaft sind u. a. folgende Unterlagen beizulegen:
- Die Geschäftsidee / der Businessplan / die Ertragsvorschau
- Ihr Lebenslauf (tabellarisch)

Bürgschaft ohne Bank

Sollten Sie sich als Unternehmensgründer noch nicht für eine Hausbank entschieden haben, gewähren Ihnen die Bürgschaftsbanken auch im Voraus eine Bürgschaft. Damit haben Sie sicherlich größere Chancen eine neue Hausbank als Kapitalgeber zu finden. Wenden Sie sich dafür direkt an Ihre regionale Bürgschaftsbank. Die zukünftige Hausbank wird dabei neben der Zusage einer Bürgschaft auch davon ausgehen, dass Ihr Gründungsvorhaben durch die Bürgschaftsbank ausführlich geprüft wurde. Es entsteht dadurch weniger Arbeitsaufwand für die Hausbank. Allerdings wird durch die Bürgschaftsbank bei dieser Variante lediglich ein Haftungsrisiko in Höhe von 200.000,00 € übernommen. Die vorab erteilte Zusage der Bürgschaft hat im Regelfall eine Gültigkeit von 3-6 Monaten. Genug Zeit also, die passende Hausbank zu finden.

Eine weitere Form der Kapitalfindung, nicht nur für Gründungen, erlebt zurzeit gerade eine regelrechte Auferstehung, insbesondere bei den sogenannten „Start-Up" Unternehmen:

Die Finanzierung über Crowdfunding

Eigentlich ist die Kapitalfindung über Crowdfunding schon recht alt. Als prägnantes Beispiel wird immer wieder die Errichtung der Freiheitsstatue in New-York erwähnt. Damals wurde der Bau eines Sockels der Freiheitsstatue durch Spenden von 160.000 Bürgern und Organisationen verwirklicht. Der Baubeginn war im Oktober **1883.**

Dieses Beispiel verdeutlicht aber genau das Prinzip des Crowdfunding:

- Aufbau einer Finanzierung durch mehrere Kapitalgeber
- Risikoverteilung auf mehrere Personen
- Durch einzelne, meist kleinere Beteiligungen bildet sich ein größeres Kapital

Eine Finanzierung über Crowdfunding gliedert sich in 4 Varianten auf:

- Das klassische Crowdfunding

- Das Crowdinvesting
- Das Spenden-Crowdfunding
- Das Crowdlending

Das klassische Crowdfunding

Hierbei handelt es sich um die beliebteste Art eines Crowdfunding. Der Geldgeber ist nicht aktiv an Ihrem Unternehmen beteiligt, erhält aber als Gegenleistung für sein finanzielles Engagement eine „Belohnung". Das kann z. B. ein besonderes Geschenk oder aber auch eine kostenlose Dienstleistung sein.

Das Crowdinvesting

Wie ein Teil der Bezeichnung bereits andeutet, tritt der Geldgeber bei dieser Variante des Crowdfunding als Investor auf. Er ist finanziell an Ihrem Unternehmen beteiligt und hat auch ein Entscheidungs- bzw. Mitspracherecht.

Das Spenden-Crowdfunding

Diese Variante ist ein reines Spendenformat. Dabei erhält der Geldgeber für sein finanzielles Engagement keine Gegenleistung, allerhöchstens ein kleines Geschenk als Dankeschön für die Spende, ggf. noch eine entsprechende Spendenbescheinigung. Diese Variante ist für die Gründung eines Unternehmens eher ungeeignet. Sie wird hauptsächlich zur Finanzierung gemeinnütziger Projekte genutzt.

Das Crowdlending

Beim Crowdlending handelt es sich um eine andere Form eines Kredites durch eine Bank. Sie erhalten vom Geldgeber ein Darlehen zu ausgemachten Konditionen, z. B. Laufzeit und Zins. Bei dieser Variante ist die Möglichkeiten einer längeren Laufzeit oder eines niedrigeren Zinssatzes besser verhandelbar als bei einer Bank.

Die Schritte für eine erfolgreiche Suche nach der Finanzierung über Crowdfunding gestaltet sich mit wenigen Schritten relativ einfach.

Schritt 1: Sie legen die Eckdaten Ihres Vorhabens fest. Wie viel Kapital benötigen Sie für die Gründung Ihres Unternehmens, für welchen Zeitraum ist diese Finanzierung gedacht und welches Ziel verfolgen Sie zukünftig mit Ihrem Unternehmen. Lassen Sie insbesondere bei der Zielverfolgung eine entsprechende Begeisterung erkennen. So gewinnen Sie weitaus mehr Menschen / Geldgeber.

Schritt 2: Sie präsentieren Ihr Vorhaben über das Internet. Diverse Plattformen stehen Ihnen dafür zur Verfügung. Die bekanntesten in Deutschland sind:

- Steady
- StartNext
- Kickstarter
- 99 Funken
- Indiegogo

Bitte beachten:

Nicht jeder Anbieter eignet sich für jede Variante einer Crowdfunding Aktion. Bitte informieren Sie sich vorher auf den einzelnen Plattformen.

Schritt 3: Auf diesen Plattformen stellen Sie Ihre Geschäftsidee, Ihren Kapitalbedarf, den Termin für die Kapitaleinzahlung und die genaue Zeitdauer für den Bedarf des Kapitals vor. Interessiert sich jetzt jemand für Ihr Vorhaben, kann er sich finanziell beteiligen. Der Kapitalgeber ist allerdings nicht automatisch an Ihrem Unternehmen beteiligt. Das hängt davon ab, welche Form des Crowdfunding von Ihnen gewählt wird.

Schritt 4: Definieren Sie jetzt Ihre Gegenleistung für das finanzielle Engagement Ihres Geldgebers. Bedenken Sie dabei aber, dass jeder Geldgeber berücksichtigt werden muss und die Berücksichtigung davon abhängig ist, wie viel Geld er zur Verfügung stellt.

Schritt 5: Machen Sie Ihr Crowdfunding zusätzlich öffentlich bekannt. Nutzen Sie dafür alle Möglichkeiten, z. B. eine Anzeige in lokalen Wochenblättern oder Verteilung von Flyern. Versuchen Sie, wie bei der Zielgruppensuche für Ihr Unternehmen, auch hier die richtigen Geldgeber zu erreichen. Es lohnt sich auf jeden Fall. Es kostet vielleicht eine Kleinigkeit, wird aber mit Sicherheit dazu führen, dass sich die richtigen Personen für Ihr Vorhaben interessieren. Von allein wird niemand im Internet nach Ihrem Crowdfunding suchen! Wichtig für Ihr Vorhaben ist dann der letzte Schritt.

Schritt 6: Halten Sie Ihre festgesetzten Ziele im Crowdfunding-Projekt ein, erfüllen Sie die angegebenen Gegenleistungen, halten sie Laufzeiten ein und zahlen Sie die vereinbarten Zinsen korrekt zurück. Nur so schaffen Sie Vertrauen, auch für weitere Crowdfunding-Projekte.

Marketing / Werbung

Vermutlich werden Sie bei diesem Thema zusammenzucken. Vielleicht werden Sie sich auch fragen: „Jetzt habe ich schon so viel geplant, recherchiert und errechnet. Was soll ich jetzt mit Marketing und Werbung. Das kostet erneut richtig viel Geld und ich bin doch noch gar nicht am Markt!“

Richtig! Und doch wiederum falsch!

Natürlich weist der Bereich Marketing / Werbung in einem aktiven Unternehmen stets ein recht hohes Kostenvolumen aus. Es wird dabei aber meistens nicht erkannt, welchen hohen Nutzen dieser Bereich für ein Unternehmen haben kann.

Wie wollen Sie denn bei Ihren Kunden bekannt werden und viel schwerer, auch bekannt bleiben? Natürlich über die Leistung, über die Qualität, über die Zuverlässigkeit, über gute Preise. Alles richtig! Diese Merkmale treffen für Ihre Bestandskunden unbestritten zu. Wie wollen Sie aber neue Kunden gewinnen? Sie müssen auf sich aufmerksam machen und das funktioniert nur über jegliche Art der Werbung.

Zugegeben: Umsonst gibt es Werbung wahrlich nicht! Doch ein erfolgreiches Marketing, ein erfolgreiches Werben um Kunden funktioniert auch mit einem kleinen Budget.

Als vorbereitende Maßnahme für Ihre Werbung sollten Sie auf jeden Fall ein Firmen-Logo entwickeln. Dieses Logo wird zukünftig die Außenwirkung Ihres Unternehmens prägen. Als Kennzeichnung der eigenen Produkte, auf Visitenkarten, Angeboten, Rechnungen und sonstigen Geschäftsmitteln steigern Sie den Erkennungswert Ihres Unternehmens.

Nachfolgend einige kostengünstige Beispiele für Werbeaktionen, die Sie vor dem Start Ihrer Unternehmensgründung, aber durchaus auch während der Startphase, einsetzen können. Diese Beispiele sind sicherlich nicht für jede Gründung eines Unternehmens sinnvoll, aber mit etwas Kreativität lässt sich so manche Maßnahmen auf Ihr Geschäftsfeld umwandeln.

Fahrzeugwerbung

Vermutlich werden Sie während der Planungsphase Ihres neuen Unternehmens sehr viel unterwegs sind. Unzählige Fahrten mit dem Auto zu den Banken, Versicherungen, Ämtern und Anwälten werden Ihnen so manche Kilometer kosten. Warum also diese Fahrten nicht gleichzeitig für die eigene Werbung nutzen? Aktive Fahrzeugwerbung ist bekannt dafür, dass sie den gleichen Effekt wie z. B. Visitenkarten oder Briefpapier erzielen. Deshalb sollte die Fahrzeugwerbung für einen Existenzgründer mit kleinem Budget an vorderster Stelle stehen. Ganz nebenbei können Sie mit einer kreativen Fahrzeugwerbung auch einen, auf den ersten Blick unwichtigen, Effekt erzielen: Sie wecken auch bei Kunden Aufmerksamkeit, die nicht unbedingt in Ihrem direkten Standortbereich ansässig sind!

> ***Achtung!***
> ***Fahrzeugwerbung bedarf einer großen Kreativität.***

Es gibt viele Punkte, die beachtet werden sollten:

- Die Werbung darf im Verhältnis zum Fahrzeug nicht zu groß, aber auch nicht zu klein sein
- Die Werbung darf nicht an einer ungünstigen Fläche angebracht werden. Sie muss ins „Auge stechen“
- Die Werbung sollte farblich so gestaltet sein, dass sie zur Farbe des Fahrzeugs passt.
- Die farbliche Gestaltung muss auf allen Werbemitteln identisch sein
- Die Werbung sollte nicht zum beherrschenden Element des

Fahrzeugs werden.

Zu den klassischen Werbeflächen am Fahrzeug gelten die Heckscheibe und die Seiten eines Fahrzeugs. Unter einer klassischen Werbefläche versteht man hierbei, dass die Werbung an diesen Fahrzeugstellen nicht nur auffallen, sondern auch bei richtiger Gestaltung eine hohe Professionalität aufzeigen soll. Genau diese Einschätzung wollen Sie doch bei Ihren Kunden erreichen.

Bei der Gestaltung Ihrer Fahrzeugwerbung sollte das Firmenlogo entweder solo oder als Bestandteil einer Werbefläche so platziert sein, dass es sofort auffällt. Es muss sogar sofort auffallen. Auch wenn es etwas merkwürdig klingt: Den besten Werbeeffekt erhalten Sie an einer roten Ampel. Nicht nur der neben Ihnen stehende Fahrzeughalter wird Ihrem Logo Aufmerksamkeit schenken, auch dem an Ihrem Fahrzeug vorbeigehendem Fußgänger wird es auffallen. Und wer weiß: Vielleicht ist er nicht der Erste, aber vielleicht ein neuer Kunde für Ihr Unternehmen.

Die Kosten für die Entwicklung bzw. das Drucken der Folien für eine Fahrzeugwerbung sind recht unterschiedlich und auch abhängig von Größe und Design. Die günstigsten Preise liegen bei ca. 100.00 € pro Folie, die teuersten bei ca. 3.000,00 € bei kompletter Beklebung. Hier sollten Sie auf alle Fälle mehrere Angebote miteinander vergleichen.

Flyer

Eine weitere Werbemöglichkeit, die für Sie durchaus kostengünstig sein kann, sind Flyer. Diese können heutzutage schon, mit den richtigen Programmen, am heimischen PC / Drucker in Eigenarbeit erstellt werden. Dabei gehören Flyer zu den effektivsten Werbemitteln, lassen Sie doch ausreichend Spielraum, Ihr Unternehmen zu präsentieren.

Aber auch bei der Gestaltung von Flyern sollten Sie ein paar Dinge beachten.

- Die farbliche Gestaltung muss auf allen Werbemitteln identisch sein

- Es muss eine einfache Struktur gewählt werden. Zu viele Informationen werden vom Betrachter, Ihrem möglichen Kunden, nicht wahrgenommen
- Überwiegend Bilder mit kurzen, ausdrucksstarken Texten einsetzen
- Bilder müssen so erstellt werden, dass sie die Sinne des Betrachters ansprechen

Gerade der letzte Punkt ist von entscheidender Bedeutung.

Tipp:

Stellen Sie sich jetzt einmal folgendes Beispiel vor: Sie wollen sich mit einem Lieferservice für mediterrane Gerichte selbstständig machen. Um das Geschäft in Schwung zu bringen, wollen Sie am Anfang Flyer an die Haushalte im näheren Umkreis verteilen. Als Ideenfinder für den Druck Ihrer Flyer nutzen Sie den vorhandenen Flyer eines Pizzalieferanten aus der Nähe. Bei näherer Betrachtung fällt Ihnen aber auf, dass sich dieser Flyer nicht besonders von Flyern anderer Pizzalieferanten unterscheidet. Eine langweilige Aufstellung von Fotos von oben nach unten, mit fast identischen Abbildungen. So haben Sie sich Ihren Flyer nicht vorgestellt. Nach kurzer Bedenkzeit haben Sie die Lösung. Ihre Abbildungen untermalen Sie mit passenden Hintergründen. Am besten mediterran. So lässt sich z. B. die Pasta auf einem Holztisch, angerichtet mit einer Flasche Rotwein besser „an den Kunden bringen“, als mit einem einfachen klassischen Foto. Warum ist das so? Ganz einfach: Durch die Positionierung der Flasche Rotwein haben Sie die Sinne des Kunden angesprochen. Für ihn gehört zu einem mediterranen Gericht, eben genau diese Flasche Rotwein. Sie haben durch einen optischen Trick das eigentliche Produkt interessant gemacht.

Sollten Sie das Drucken Ihrer Flyer extern vergeben, vergleichen Sie auf jeden Fall die entsprechenden Kostenvoranschläge. Die Preisunterschiede unter den Druckereien sind enorm.

Die Verteilung der Flyer

- ...übernehmen Sie selbst (kostengünstigste Variante!)
- ...lassen sie als Beilage durch einen Verlag über dessen regionale Wochenzeitung verteilen
- ...lassen Sie über einen Minijobber / Schüler verteilen

Internet / Homepage

Es gab Zeiten, da wurden Sie als Unternehmensgründer häufig milde belächelt, wenn Sie bereits zum Start Ihres Unternehmens den Weg ins Internet gesucht haben. Um früher die Aufmerksamkeit der Kunden zu gewinnen, war der klassische Werbebrief die ultimative Methode. Heutzutage ist ein Internetauftritt für ein neugegründetes Unternehmen schon fast eine Pflicht. Dabei geht es in erster Linie noch nicht einmal um die Bereitstellung eines Online-Shops (es sei denn, Ihre Unternehmensgründung zielt auf dieses Geschäftsfeld). Eine interessante Homepage ist gerade für ein neues Unternehmen nicht nur von erheblicher Bedeutung, sie ist das wirkungsvollste innerhalb Ihrer Marketingstrategie. Heute suchen die Einkäufer der Unternehmen ihre Geschäftspartner bzw. Dienstleister online und nicht mehr per Zeitungsanzeige.

Außerdem ist eine perfekt aufgebaute Homepage heutzutage der Schlüssel für einen hohen Bekanntheitsgrad Ihres Unternehmens. Sie bauen sehr schnell einen Kundenstamm für Ihr Unternehmen auf. Durch das Internet sind Sie für Ihre Kunden heute auch rund um die Uhr erreichbar. Zusätzlich können Sie mit einem Internetauftritt weitere Maßnahmen gestalten, die es für Ihre Kunden interessant macht, immer wieder einmal „vorbeizuschauen".

Zu diesen Maßnahmen gehören u. a.:

- Die Programmierung einer Mail-Funktion für Anfragen, Aufträge usw.
- Die Downloadfunktion zum Herunterladen von Katalogen,

Prospekten usw. (spart den Papierausdruck)
- Der regelmäßige Newsletter für eingetragene Abonnenten
- Die Einstellung von Gewinnspielen, um damit auch neue Kunden zu gewinnen
- Die Angebotsseite mit wechselnden Produkten oder Dienstleistungen einrichten

Zusätzlich sollte eine Homepage auch für Sie als Unternehmensgründer interessant sein, besonders in der Startphase. So können Sie z. B. über die Anzahl der Besucher immer den aktuellen Bekanntheitsgrad Ihres Unternehmens feststellen. Die Besucher Ihrer Homepage können z. B. auch auf bestimmte, für Sie wichtige, Seiten weitergeleitet werden.

Um eine Homepage zu erstellen, stehen Ihnen heutzutage eine Vielzahl von Anbietern im Internet zur Verfügung. Es sind auch keine besonderen Vorkenntnisse notwendig, da Sie im Regelfall menügesteuert durch das Programm geführt werden. Die Kosten sind ebenfalls überschaubar. Im Durchschnitt liegen Sie zwischen 30,00 €-60,00 € im Quartal. Ein Nachteil liegt allerdings darin, dass die Einrichtung über ein festgelegtes Baukastensystem erfolgt. Mit etwas Geschick und Geduld können Sie aber aus diesen Bausteinen eine interessante Homepage entwickeln.

Lassen Sie Ihrer Kreativität freien Lauf!

Die teurere Variante ist die Programmierung der Homepage durch einen Webdesigner. Hierbei würden Sie zwar eine individuelle Homepage erhalten, müssen aber dafür mit hohen Programmierkosten rechnen.

Kommen wir zurück auf die Erstellung Ihrer Firmenhomepage, gleich ob eigen oder fremd. Gerade bei Neugründungen wird die Homepage bei der Kundenzielgruppe als Visitenkarte des neuen Unternehmens betrachtet. Also sollte sie professionell wirken. Damit stellt sich wieder eine Frage: Was macht eine gute, professionelle Homepage interessant? Nachfolgend einige Punkte, auf die Sie insbesondere achten sollten, um den Erfolg Ihrer Homepage zu garantieren.

Erstellung einer Homepage – die erste Wirkung

Wissenschaftler haben festgestellt, dass die Aufmerksamkeit bei Nutzern des Internets sehr gering ist. In wenigen Millisekunden fällt bei einem Nutzer / User die Entscheidung, ob er sich weitere Informationen auf der Seite einholt oder auf eine neue umschaltet. Um Letzteres auf jeden Fall zu verhindern, sollte Ihre Homepage mit einem besonderen Design begeistern. Gestalten Sie das Layout daher übersichtlich, mit kurzen und aussagekräftigen Botschaften. Vermeiden Sie „Killerbotschaften", z. B.

- nervende Hintergrundmusik
- ungewollte Bildeinblendungen bzw. Videos

Der Nutzer / User empfindet dies als störend, vermutlich sogar sehr erschreckend. Er ist zu diesem Zeitpunkt nicht auf visuelle Bildershows vorbereitet. Das Ergebnis wird sein: Die Seite wird gewechselt! Aber genau das wollen Sie ja nicht erreichen!

Erstellung einer Homepage – die Funktionalität

Eine weitere „Killerbotschaft" ist der Hinweis **** 404 ** = Fehler**. Dies bedeutet nicht nur, dass im Handling Ihrer Firmen-Homepage etwas falsch läuft. Es zeugt auch davon, dass eben nicht professionell programmiert wurde. Dieser Fehlerhinweis liegt immer dann vor, wenn die Suchfunktion auf Ihrer Homepage nicht funktioniert bzw. die Hyperlinks, die Querverweise zu einem anderen Texten entfernt wurden oder auf einer anderen Seite zu finden sind. Da Ihr Kunde jetzt nicht das findet, was er ursprünglich gesucht hat oder auf einen Hinweis nicht die entsprechenden Informationen erhält, schaltet er gedanklich ab. Diese Firmen-

Homepage ist für ihn uninteressant. Zusätzlich sollten Sie noch zwei weitere Aspekte berücksichtigen.

- Da die Nutzer / User unterschiedliche Computerprogramme (Browser) nutzen, sollten Sie natürlich vor Veröffentlichung Ihrer Firmen-Homepage prüfen, ob die Ansicht auf allen Computerprogrammen korrekt abläuft.
- Die mögliche Nutzung von Tablets und Smartphones muss separat programmiert werden. Mittlerweile gibt es aber Techniken, die gewährleisten, dass eine Homepage auf dem Computer, wie auch auf einem Tablet bzw. Smartphone identisch präsentiert wird. Das heute am häufigsten genutzte Programmierverfahren nennt sich

Responsive Webdesign

Erstellung einer Homepage – Farbe und Schrift

Sicherlich ist Ihnen die Aussage „Über Geschmack lässt sich wahrlich nicht streiten" nicht unbekannt. Das gilt auch für die Programmierung einer Homepage. Sie können nicht jeden Kunden mit Ihrer Farbgestaltung begeistern. Sie können aber klassische Fehler vermeiden. Klassische Fehler bei der Programmierung sind z. B.:

- Vermeiden Sie helle Schrift auf hellem Hintergrund
- Umgekehrt gilt dies auch für dunkle Schrift auf dunklem Hintergrund
- Achten Sie darauf, dass der Unterschied (Kontrast) zwischen hellen und dunklen Farben ausreichend ist
- Wählen Sie die passende Farbe für den Hintergrund Ihrer Homepage. Klassische Hintergründe sind z. B.
  - für einen Bio-Einzelhändler die Farbe Grün,
  - für einen Versicherungsagenten die Farben Blau oder grau.

Diese Auswahl ist auch deshalb sehr wichtig, weil der Mensch dazu neigt, eine Farbe mit einer Tätigkeit zu verbinden. Zusätzlich lösen Farben auch Gefühle aus und bleiben dadurch im Gedächtnis. Auch bei Ihren Kunden! Die Auswahl der eingesetzten Schriftform muss ebenfalls wohl überlegt sein. Wenn Sie sich nicht gerade im Bereich Hobby selbstständig machen wollen, greifen Sie möglichst auf klassische Schriftformen (z. B.: Arial, Verdana, Calibri) zurück. Sie sollten deutlich machen, dass Ihr Unternehmen ein ernst zu nehmender Partner ist. Im Fall Hobby / Freizeit können Sie dagegen eine etwas lockere Schreibart (z. B.: Lucida, Kristen) nutzen. Auf jeden Fall sollte der Text gut zu lesen sein.

Bitte beachten!
Setzen Sie grundsätzlich nie Comic-Schriftarten ein.

Erstellung einer Homepage – Suchmaschine

Sie sind nun, nach perfekter Programmierung, Inhaber einer professionellen Firmen-Homepage. Doch wie können Ihre Kunden diese Seite überhaupt im Internet finden?

- Sie können mit einem Flyer darauf aufmerksam machen.

Erfolg: wahrscheinlich nur bedingt!

- Sie können in einem Wochenblatt inserieren.

Erfolg: wahrscheinlich nicht viel größer!

Nutzen Sie doch einfach, nennen wir es einmal die „biologische Neugier“. Im Umgang mit dem Internet agiert man mit Suchbegriffen. Wenn Sie heutzutage eine Dienstleistung, ein Elektrogerät, ein Bauteil usw. suchen, geben Sie dies als Suchbegriff in Ihrem Browser ein und werden sofort auf entsprechende Homepages aufmerksam gemacht. Das wollen Sie doch sicher auch für Ihr Unternehmen in Anspruch nehmen. Kein Problem und im Regelfall auch ohne Kosten! Es ist allerdings erneut mit etwas Arbeit verbunden. Informieren Sie sich online bei den einzelnen Anbietern, wie z. B. Google, Bing, Yahoo usw., wie Sie den Zutritt zu den Suchmaschinen erhalten können. Die Installation ist relativ einfach. Sie werden auch hierbei menügesteuert.

Sonstige Werbemöglichkeiten

Der Umfang der Werbemöglichkeiten ist sehr groß. Im Grunde können Sie alles als Werbung bezeichnen, das Interesse auf Ihr Unternehmen weckt. Dazu gehören z. B.:

- Sponsoring (sehr beliebt: regionale Sportvereine)
- Branchenbücher bzw. Branchenverzeichnisse
- Kleinanzeigen im Internet bzw. regionaler Presse

Aber auch die kleinen, häufig unterschätzten Dinge des unternehmerischen Alltags sind Werbemöglichkeiten, auch als indirekte Werbung bezeichnet. Dazu gehört u. a.:

- Das bereits erwähnte Logo Ihres Unternehmens. Es sollte auf allen Unterlagen Ihres Unternehmens sichtbar sein
- Die Mundpropaganda

Steuern

Wie im normalen Leben fallen auch für Unternehmen Steuern an. In diesem Abschnitt entstehen gerade bei Unternehmensgründungen häufig die meisten Fehler. Verschaffen Sie sich noch vor dem Gründungstermin einen Überblick, welche Steuern für Ihr Unternehmen anfallen. Das kann durchaus variieren.

Sollten Sie nicht zu den steuerlich bewanderten Menschen gehören, empfiehlt es sich jetzt, einen Steuerberater hinzuzuziehen. Neben der Abwicklung der Steuervorgänge wird ein guter Berater Mittel und Wege finden, um einen Teil dieser steuerlichen Belastungen wieder zurückzuholen.

Je nach Rechtsform Ihres Unternehmens können unterschiedliche Steuern anfallen. Für Unternehmensgründungen in den bereits beschriebenen Rechtsformen GmbH, UG, GbR, OHG, Freiberufler und Einzelunternehmer fallen 3 wichtige Steuerformen an:

- Umsatzsteuer (UST) bzw. Mehrwertsteuer (MWST)
- Gewerbesteuer
- Einkommensteuer

Diese drei Steuerarten werden nachfolgend im Detail erklärt.
Ob weitere Steuerarten für Ihre Unternehmensgründung relevant sind, sollten Sie mit einem Steuerberater abklären.

Umsatzsteuer (UST) bzw. Mehrwertsteuer (MWST)

Die Bezeichnungen Umsatzsteuer und Mehrwertsteuer werden in Deutschland allgemein gleich definiert. Das ist aber nur bedingt richtig!

Die Mehrwertsteuer wird von allen Personen oder Unternehmen in Deutschland beim **Kauf** eines Artikels oder einer Dienstleistung gezahlt. Auf jeden Nettowert muss die geltende Mehrwertsteuer zusätzlich auf der Rechnung ausgewiesen werden. Die Summierung aus Nettopreis und MwSt. ergibt dann den Endbetrag (Brutto), also den Verkaufspreis.

Der Begriff Umsatzsteuer kommt bei Abrechnungen mit dem Finanzamt zum Tragen. Jedes Unternehmen in Deutschland muss seinen **Umsatz** versteuern, daher auch der Begriff. Ein Unternehmen hat allerdings den Vorteil, dass die gezahlte Mehrwertsteuer auf Einkäufe auf die fällige Umsatzsteuer gegengerechnet werden kann. In diesem Fall spricht man von dem Vorsteuerabzug.

Dazu nachfolgendes Beispiel:

Beispiel: Umsatzsteuermeldung der Firma X Y Z inkl. Kauf einer Bohrmaschine

Für die Firma X Y Z wird eine Bohrmaschine gekauft. Die Rechnung sieht im Detail aus:

Bohrmaschine (netto)	150,00 €
darauf MwSt. 19%	+ 28,50 €
Verkaufspreis	**178,50 €**

Zum Monatsende meldet die Firma X Y Z beim Finanzamt die Umsatzsteuer an:

Umsatz (netto)	1.000,00 €
darauf MwSt. 19%	+ 190,00 €
Umsatz (brutto)	1.190,00 €
fällige Umsatzsteuer	190,00 €
Gezahlte MwSt. aus Kauf einer Bohrmaschine	- 28,50 €
Zu zahlende Umsatzsteuer	**161,50 €**

Die Umsatzsteuer muss im Voraus an das Finanzamt entrichtet werden. Im Regelfall erfolgt das bis zum 10. des Folgemonats. In Ausnahmefällen kann durch das Finanzamt festgelegt werden, dass bis auf Widerruf eine Abrechnungsfrist von drei Monaten bzw. einem Jahr einzuhalten ist.

Kleinunternehmer zahlen keine Umsatzsteuer

Zum Ende des Geschäftsjahres wird eine Jahresmeldung erstellt. Dabei werden die Einzahlungen der einzelnen Monate summiert, mit der Jahresmeldung verglichen und entweder eine Nachzahlung auf eine Differenz eingefordert oder im umgekehrten Fall erfolgt eine Erstattung.

Gewerbesteuer

Die Gewerbesteuer wird auf Grundlage des Ertrags eines Unternehmens erhoben. Diese Steuer wird nicht vom Bund, sondern von der Gemeinde erhoben, in der Ihr Unternehmen angemeldet ist. Mit Hilfe von zwei Faktoren wird die Berechnung der Gewerbesteuer von den Gemeinden festgelegt: Der Messbetrag (bundesweit festgelegt auf z. Zt. 3,5 Prozent) und der, durch jede Gemeinde individuell festgelegte Hebesatz. Für Ihre Neugründung könnte das interessant sein, da bei der richtigen Auswahl eines Standortes Ihr Unternehmen Steuern sparen kann. Die Höhe des Hebesatzes kann bei Ihrer Gemeinde oder dem Gewerbeamt erfragt werden. Sie liegen in Deutschland zurzeit zwischen 200-900 Prozent.

Beispiel: Zwei Beispiele mit unterschiedlichen Hebesätzen

1	Gewinn		75.000,00 €
2	Freibetrag		- 24.500,00 €
3	Steuerpflichtig		50.500,00

			€
4	Messzahl	3,5 %	
5	Messbetrag (Pos. 3 x Pos. 4)		1.767,50 €
6	**Hebesatz**	**200 %**	
7	**Fällige Gewerbesteuer**		**3.535,00 €**

1	Gewinn		75.000,00 €
2	Freibetrag		- 24.500,00 €
3	Steuerpflichtig		50.500,00 €
4	Messzahl	3,5 %	
5	Messbetrag (Pos. 3 x Pos. 4)		1.767,50 €
6	**Hebesatz**	**500 %**	
7	**Fällige Gewerbesteuer**		**8.837,50 €**

Grundsätzlich müssen alle Unternehmen die Gewerbesteuer abführen. Doch für jede Regel gibt es eine Ausnahme, auch bei der Gewerbesteuer.

- Es gibt einen Freibetrag in Höhe von 24.500,00 € für
    - Einzelunternehmen
    - Personengesellschaften
    - Kapitalgesellschaften

- Nicht steuerpflichtig sind
    - Freiberufler und Kleinunternehmer
    - Unternehmen ohne ausgeworfenen Gewinn

Wichtig!
Die Steuerpflicht beginnt mit Datum der Anmeldung Ihres Gewerbes und ist im Voraus pro Jahr zu entrichten.

Dazu erhalten Sie kurz nach Anmeldung vom Finanzamt einen Fragebogen zur steuerlichen Erfassung, auf dem Sie u. a. den erwarteten Gewinn vermerken. Danach erhalten Sie einen Bescheid über die Gewerbesteuer mit den fälligen Beträgen. Auch für die Gewerbesteuer müssen Sie eine Jahresmeldung abgeben. Diese sogenannte Gewerbesteuererklärung wird zum Ende des Geschäftsjahres fällig. Damit wird durch das Finanzamt ermittelt, in welcher Höhe der tatsächliche Gewinn (abzgl. des Freibetrags) steuerlich abgerechnet worden ist. Auch hier kann es dann zu Nachforderungen oder Erstattungen kommen.

Einkommensteuer

Die Einkommensteuer ist keine Steuer, die Ihr Unternehmen abführen muss. Sie bezieht sich einzig auf Ihr persönliches, zu versteuerndes Einkommen. Dazu zählt auch ein Gewinn, den Sie als Unternehmer erwirtschaften und sich auszahlen lassen. Die Grundformel einer Berechnung Ihrer Einkommensteuer ist dabei relativ einfach:

Persönliches Einkommen x Einkommensteuersatz = zu zahlende Einkommensteuer

Zusätzlich fallen noch der Solidaritätszuschlag und ggf. die Kirchensteuer an.

Versicherungen für Selbstständige / eigenes Unternehmen

Sie haben bisher unendlich viele Details planen müssen, um sich Ihren Traum von der Selbstständigkeit zu erfüllen. Es gibt aber noch einen wichtigen Punkt, mit dem Sie sich beschäftigen müssen: Versicherungen. Na gut, werden Sie sagen. Das dürfte nicht so schwer werden. Schließlich kann man sich heutzutage so gegen ziemlich alles versichern. Das ist richtig…

- doch welche Versicherung ist überhaupt notwendig?

Eine gute Frage!

- welche Versicherung können Sie sich überhaupt leisten?

Eine weitere gute Frage!

Schließlich ist das Budget bei einer Unternehmensgründung normalerweise nicht gerade üppig. Ziel muss es also sein, einen umfassenden Versicherungsschutz bei niedrigen Kosten aufzubauen. Allerdings dürfen Sie nicht außer Acht lassen, dass Sie bei Versicherungen als Selbstständiger zweigleisig denken müssen. Schließlich benötigt nicht nur Ihr Unternehmen einen ausreichenden Versicherungsschutz. Auch Sie und Ihre Familie sollten ausreichend geschützt sein. So, wie es bisher auch war. Als Angestellter waren einige Versicherungen „normal“. Das fällt jetzt als Selbstständiger weg.

Ein Versicherungsschutz muss so aufgebaut sein, dass Ihre Existenz und der Fortbestand Ihres Unternehmens bei einem Schadensfall nicht gefährdet sind. Sie erhalten nachfolgend einige Informationen zu

Versicherungen, die für Ihr Unternehmen und vor allem für Sie notwendig sind. Für welche Versicherungen Sie sich entscheiden, müssen Sie treffen.

Bitte beachten!
Diese Informationen ersetzen keine qualifizierte Beratung durch einen Versicherungsfachmann!

Die Versicherungsarten werden dabei in zwei Kategorien aufgeteilt:

- Versicherungen zur Absicherung des Unternehmens
- Versicherungen zur Absicherung des privaten Lebens / Alltags

Krankenversicherung / privat oder gesetzlich?

Bei einer angestellten Tätigkeit ist jeder Arbeitnehmer automatisch in einer gesetzlichen Krankenkasse (G K V) versichert. Dabei teilen sich im Regelfall der Arbeitgeber und der Arbeitnehmer den monatlichen Beitrag jeweils zur Hälfte. Ihre Angehörigen (ohne eigenes Einkommen) genießen dabei den Schutz über die Familienversicherung.

Bei Überschreitung der Versicherungspflichtgrenze (für 2020 = 62.550,00 € brutto im Jahr) könnten Sie sogar in die private Krankenversicherung (P K V) wechseln.

Als Selbstständiger haben Sie keine Versicherungspflichtgrenze, trotzdem die Qual der Wahl. Sie können sich privat versichern oder aber auch in der gesetzlichen Versicherung bleiben. Sie zahlen aber mit dem Beginn Ihrer Selbstständigkeit den gesamten Beitrag zu Ihrer Versicherung selbst. Das kann im jungen Lebensalter von Vorteil sein. Die Beiträge in der privaten Krankenversicherung sind im Gegensatz zur gesetzlichen Versicherung eher günstiger und auch nicht an Ihr Einkommen gekoppelt. Doch das kann trügen. Zum einen ist bei den privaten Krankenversicherungen das Leistungspaket genau zu prüfen, denn es gibt dort erhebliche Unterschiede. Zum anderen haben Sie in älteren Jahren wieder mit höheren Versicherungsgebühren zu rechnen.

Die privaten Krankenversicherungen budgetieren mit folgender Formel:

In jungen Jahren weniger krank, in älteren Jahren häufiger krank!

Das muss nicht immer stimmen. Allerdings wird diese Annahme durch viele wissenschaftliche Untersuchungen mittlerweile bestätigt.

Es gibt aber noch einen weiteren Nachteil. Sie können nicht oder nur noch sehr schwer aus der privaten Krankenversicherung wieder zurück in die gesetzliche wechseln. Bisher war dies in Ihrem angestellten Arbeitsverhältnis nicht besonders kompliziert. In dem Moment, wo Sie die Versicherungspflichtgrenze (auf das Jahr berechnet) unterschritten haben oder ein neues Arbeitsverhältnis mit einem Gehalt unter dieser Grenze eingegangen sind, waren Sie wieder pflichtversichert.

Der Wechsel von Selbstständigen zurück in die gesetzliche Krankenversicherung wurde durch den Gesetzgeber bewusst unterbunden. Es sollte verhindert werden, dass in jungen Jahren die günstigeren Tarife der privaten Krankenversicherung genutzt werden, in älteren Jahren dann wieder die günstigeren Tarife der gesetzlichen Krankenversicherung.

Nachfolgend erhalten Sie einige Tipps, wie ein Wechsel von der privaten zurück in die gesetzliche Krankenversicherung doch funktionieren kann:

Tipp:

Wechsel zurück in die gesetzliche Krankenversicherung

Ein „zurück" in die gesetzliche Krankenversicherung ist für Selbstständige nur möglich…

- wenn Sie wieder zurück in ein sozialversicherungspflichtiges Arbeitsverhältnis wechseln und Sie mit Ihrem Jahreseinkommen unter der Versicherungspflichtgrenze liegen.

- wenn Sie Ihr Gewerbe aufgeben, jünger als 55 Jahre sind und kein Einkommen über 415,00 € erzielen. Dann gibt es auch die Möglichkeit in die Familienversicherung Ihres Partners zu wechseln (SGB 5 § 10 Abs. 1).
- wenn Sie Ihr Gewerbe aufgeben, älter als 55 Jahre sind und kein Einkommen über 425,00 € bzw. bei einem Minijob 450,00 € erzielen. Dann gäbe es auch die Möglichkeit in die Familienversicherung Ihres Partners zu wechseln.

Beachten Sie aber, dass unter dem Begriff Einkommen nicht nur ein Gehalt bzw. Lohn zu verstehen ist. Es zählen sämtliche Einnahmen, z. B. auch aus Vermietungen, Pacht, Gewinnbeteiligungen usw.

Vor- und Nachteile einer privaten Krankenversicherung (P K V)

Vorteile	Nachteile
Beiträge in jungen Jahren sehr günstig	Tarife steigen mit zunehmendem Alter
Es können ab Versicherungsbeginn Rückstellungen erfolgen, um spätere Beitragserhöhungen auszugleichen. Erhöht aber den eigentlichen Tarif	Keine Beitragsfreiheit bei längerer Krankheit (keine 6-Wochen Regelung)
Beitragsrückerstattung bei Leistungen, die nicht in Anspruch genommen wurden	Wechsel zurück in die G K V ist nur in wenigen Ausnahmen möglich
Die Höhe des Einkommens ist unerheblich für den Beitrag	Rechnungen müssen verauslagt werden. Rückerstattungen mit entsprechenden Anträgen
Selbstbehalt kann vereinbart werden. Senkt den Beitragssatz	Jedes Familienmitglied muss separat versichert werden. Erhöht den Beitrag

Um mit Start Ihrer Selbstständigkeit den Geldbeutel etwas zu entlasten, können Sie auch weiterhin in der gesetzlichen Krankenversicherung bleiben. Sie müssen dann eben nur den kompletten Versicherungsbeitrag entrichten. Ein Wechsel zum späteren Zeitpunkt in die private Krankenversicherung ist immer möglich.

Vor- und Nachteile der gesetzlichen Krankenversicherung (G K V)

Vorteile	Nachteile
Kostenlose Mitversicherung der Familienangehörigen	Behandlung nur von kassenärztlich zugelassenen Medizinern
Keine Beitragspflicht < 6 Wochen Krankheit	Hohe Zuzahlung bei Zahnärzten
Arzt bzw. Krankenhaus rechnen direkt mit der Krankenkasse ab	Beitragsgestaltung kaum möglich
Keine Wartezeiten bei Wechsel in eine andere G K V	Nur Regelleistung bei stationärer Behandlung. Sonderleistungen müssen privat übernommen werden

Berufsunfähigkeitsversicherung (BU)

Ebenfalls sehr wichtig ist eine Berufsunfähigkeitsversicherung. Sie gehört eigentlich zu den Pflichtversicherungen. Sollten Sie Ihre Arbeitskraft irgendwann einmal nicht mehr oder nur noch teilweise in Ihr Unternehmen einbringen können, entstehen nicht nur gravierende organisatorische, sondern vermutlich auch massive finanzielle Probleme. Die Grundlage für Ihren Lebensunterhalt könnte damit in Gefahr geraten. Um dies zu verhindern, sollten Sie Angebote der unzähligen Versicherungsunternehmen genaustens prüfen. Nur selten ist bei einem Versicherungsmodell die Vielzahl bedarfsgerechter Lösungen möglich. Dadurch sind auch die Tarife sehr unterschiedlich und sie sind nur schwer vergleichbar. Setzen Sie aber auf gar keinen Fall die Höhe Ihres finanziellen Bedarfs bei Berufsunfähigkeit zu niedrig an. Ermitteln Sie den Bedarf lieber etwas großzügiger.

Als Selbstständiger könnten Sie auch eine Kombi aus einer Berufsunfähigkeitsversicherung und einer privaten Unfallversicherung, mit der Zusatzvereinbarung auf Berufskrankheiten und Arbeitsunfällen abschließen. Beachten Sie dabei aber das Wort Berufskrankheit.

Wichtig!
Die Leistung einer privaten Unfallversicherung leistet nur bei Berufskrankheit. Die Berufsunfähigkeitsversicherung auch bei „normalen" Krankheiten.

Vor- und Nachteile der Berufsunfähigkeitsversicherung

Vorteile	Nachteile
Sichert ein Einkommen	Sehr komplexe Vertragsinhalte
Schützt den Lebensunterhalt	Gesundheitsprüfung ist Pflicht
Verschafft Planungssicherheit für das weitere Leben	Beiträge können je nach versicherten Vertragsbestandteilen sehr hoch sein
	Beiträge steigen regelmäßig
	Versicherungsleistung nur ab 50 Prozent Schädigung

Betriebshaftpflichtversicherung

Diese Versicherung sollte für jedes Unternehmen, egal ob neugegründet oder alteingesessen, unverzichtbar sein. Auch im Privatleben versichern Sie sich doch gegen selbstverursachte Schäden, im Regelfall über eine Haftpflichtversicherung. Aber auch in Ihrem Unternehmen können Schäden verursacht werden, die dann über eine Betriebshaftpflichtversicherung abgedeckt werden können.
Abgedeckt werden dabei 3 Hauptschadensgruppen:

- Schäden an Sachgegenständen

Hierbei handelt es sich um Schäden an Sachen (Geräte, Gebäude usw.)

- Schäden an Personen

Hierbei handelt es sich um Verletzungen, Erkrankungen oder Tod einer Person

- Schäden am Vermögen einer Person

Hierbei handelt es sich um dauerhafte, finanzielle Einbußen einer Person, z. B. bei einer Arbeitsunfähigkeit oder sonstigen Behinderungen.

Insbesondere als Unternehmensgründer ist der Abschluss einer betrieblichen Haftpflicht sehr wichtig. Sie wollen schließlich mit einem großen Engagement starten und überzeugen. Aber genau darin liegt die Gefahr, dass auch mal etwas „schiefläuft". Ein Fehler von Ihnen, ein Fehler Ihres Mitarbeiters und schon kann die Existenz Ihres Unternehmens in Gefahr geraten. Schnell kann ein hoher Schaden entstehen. Da kann es hilfreich sein, wenn eine Betriebshaftpflicht für finanzielle Sicherheit sorgt.

Neben der Regulierung entstandener Schäden bietet diese Versicherung einen weiteren Vorteil. Die Versicherungsgesellschaft prüft vor einer Regulierung, ob der Anspruch auf Schadenersatz eines Dritten überhaupt berechtigt ist. Ansprüche, die ggf. unberechtigt sind, werden abgelehnt. Das ist zwar juristisch gesehen keine Entlastung, würde aber im Falle einer Klage durch einen Richter positiv für Sie und Ihr Unternehmen ausgelegt werden.

Betriebshaftpflichtversicherungen sind günstig abzuschließen. Sie unterscheiden sich aber in den Leistungspaketen. Sie sollten daher vor Abschluss einer Versicherung genaustens prüfen, welchen Umfang Ihre Versicherung wirklich abdecken soll.

Sie müssen bei Beantragung der Betriebshaftpflichtversicherung genauestens das Tätigkeitsfeld Ihres Unternehmens beschreiben. Nur so können die vielen Möglichkeiten der Schadensfälle berücksichtigt werden.

Wichtig!

Unabhängige Verbraucherinstitute empfehlen, bei Abschluss einer Betriebshaftpflichtversicherung eine Versicherungssumme nicht unter 3.000.000,00 € für Sach-, Personen- und Vermögensschäden abzuschließen.

Besondere Bedingungen gelten für Freiberufler, bei denen sich der Versicherungsschutz nicht auf das Unternehmen inkl. Mitarbeiter, sondern auf die Einzelperson bezieht. Deshalb benötigen Sie als Freiberufler auch keine **Betriebs**haftpflicht, sondern eine **Berufs-**haftpflicht. Diese Versicherungsvariante deckt ausschließlich Vermögensschäden ab.

In einigen Bereichen der Freiberufler, z. B. Rechtsanwälte, Steuerberater, Gutachter, gilt eine Versicherungspflicht. Sie müssen daher vor Ihrer Unternehmensgründung den Abschluss einer Berufshaftpflichtversicherung vorweisen.

Vor- und Nachteile einer Betriebshaftpflichtversicherung

Vorteile	Nachteile
Nicht nur das Unternehmen, auch die Mitarbeiter sind abgesichert	Sehr viele und unterschiedliche Tarife
Flexible Beiträge je nach Versicherungspaket	Unzählige Ausschlussklauseln
Versicherungsbeiträge sind steuerlich absetzbar	

Firmenrechtsschutzversicherung

Vermutlich besitzen Sie als Privatperson Rechtsschutzversicherungen.

Dazu zählen z. B. die klassische Rechtsschutz-, die KFZ-Rechtsschutz-, die Berufsrechtsschutzversicherung. Aber wie im privaten Umfeld empfiehlt es sich, auch Ihr Unternehmen gegen Streitigkeiten abzusichern. Schnell können Auseinandersetzungen bzw. Streitigkeiten mit Kunden oder eigenen Mitarbeitern vor Gericht landen. Neben dem Zeitfaktor können auch hohe Kosten auflaufen. Daher ist diese Versicherung sehr zu empfehlen.

Eine Firmenrechtsschutzversicherung deckt u. a. folgendes ab (natürlich abhängig von den vereinbarten Vertragsdetails):

- Kosten bei Gericht
- Kosten für Anwälte / Gutachter / Sachverständige
- Kautionen
- Kosten der gegnerischen Partei nach verlorenem Prozess
-

Wichtig!

Eine Firmenrechtsschutzversicherung tritt nicht in Leistung ein, wenn nachgewiesen wird, dass ein vorsätzliches Verhalten vorgelegen hat!

Selbstverständlich gibt es in den Varianten der Versicherungen noch eine Vielzahl weiterer Möglichkeiten zur Abdeckung gegen Schäden. Dies gilt sowohl für den privaten, sowie für den beruflichen Bereich. Nachfolgend sind noch weitere Varianten aufgeführt. Sie sollten aber genausten entscheiden, ggf. sich auch beraten lassen, ob Sie diese Versicherungsformen in Anspruch nehmen wollen. Es ist auch immer abhängig von Ihrem Tätigkeitsfeld.

Betriebsunterbrechung-Versicherung

Diese Versicherung tritt ein, wenn der Geschäftsprozess eines Unternehmens durch äußere Einwirkung zum Stillstand kommt und kein Umsatz bzw. Gewinn generiert werden kann. Klassische

Versicherungsfälle hierfür sind u. a.:

- Feuer im Unternehmen / Brandschäden
- Längerer Stromausfall
- Überschwemmung / Leitungswasserschäden
- Sturmschäden
- Einbruch

Die Betriebsunterbrechung-Versicherung erstattet u. a. folgende Leistungen:

- Zahlung sämtlicher Löhne und Sozialabgaben
- Mietzahlungen
- Einen entgangenen Gewinn

Geschäftsversicherung

Während eine Betriebsunterbrechung-Versicherung Leistungen in den Bereichen Löhne und Finanzen abdeckt, wird durch die Geschäftsversicherung eine Leistung auf jegliches „bewegliche" Inventar abgedeckt, analog einer privaten Hausratsversicherung.

Die Geschäftsversicherung wird auch gerne als Kombination angeboten. Sie ergänzt sich sehr gut mit der Betriebsunterbrechung-Versicherung. Mit dem Begriff „beweglich" werden Gegenstände definiert, wie z. B. Schreibtische, Stühle, Schränke, die durch einen Brand oder einer Explosion / Implosion beschädigt oder zerstört wurden.

Zusätzlich sind weitere Bestandteile auch Rohrbrüche in der Wand oder Schäden an Zu- und Abflussleitungen von betrieblichen Waschmaschinen und Geschirrspülern

- Schäden am Inventar durch Sturm
- Schäden durch Einbruchdiebstahl

Glasversicherung

Mit dieser Versicherung sind Verglasungen mit einem besonderen Schliff versichert, also keine Fensterscheiben mit Einfach-Verglasung. Der Schaden muss nicht ausschließlich durch äußere Gewalt herbeigeführt worden sein, auch verursachte Schäden durch Sie bzw. Ihre Mitarbeiter sind abgedeckt.

Weitere spezielle Versicherungen

Die folgenden Versicherungen sollten nur in Betracht gezogen werden, wenn Sie in Ihrem Unternehmen Maschinen und technischen Geräte nutzen oder sich in einem Geschäftsfeld selbstständig machen, in dem Sie mit besonderen Schäden in Verbindung kommen können.

Elektronikversicherung

Abgesichert sind alle Schäden an elektronischen Geräten, z. B. Computer, Prüfgeräte, Server, Waagen, Kassen usw. Ebenfalls abgesichert sind Fahrlässigkeit, Diebstahl, Wasser- und Überspannungsschäden, Vandalismus und Bedienfehler.

Produkt-Haftpflichtversicherung

In Deutschland gilt eine gesetzliche Gefährdungshaftung. Sie sind als Unternehmer dafür verantwortlich, dass Ihre Produkte technisch einwandfrei und sicher sind. Schäden, die durch ein mangelhaftes Produkt verursacht werden, sind durch diese Versicherungsform abgedeckt, gleich ob es sich um Personen- oder Sachschäden handelt. Auch Folgeschäden daraus sind mitversichert.

Umwelt-Haftpflichtversicherung

Sollten Sie in Ihren Geschäftsräumen umweltschädliche Stoffe, z. B. Farben, Lacke, Öle, lagern, sind Sie nicht nur für die korrekte Lagerung, sondern auch für den korrekten Umgang damit verantwortlich. Sollte es hierbei zu Umweltschäden kommen, weil diese Stoffe ausgelaufen sind oder es sogar zu einer Explosion gekommen ist, sind Sie für die entstandenen Schäden haftbar. Diese Versicherung übernimmt dann die Kosten für Umwelt-, Sach-, Personen- oder Vermögensschäden.

Versicherungsarten im Überblick

Versicherungsart		**Empfehlung**
Krankenversicherung		Zwingend notwendig. Persönliche und familiäre Absicherung
Berufsunfähigkeitsversicherung		Zwingend notwendig. Unbegrenztes Risiko.
Betriebshaftpflichtversicherung		Zwingend notwendig. Unbegrenztes Risiko.
Firmenrechtsschutzversicherung		Abhängig von der Art des Unternehmens. Wird wichtiger!
Betriebsunterbrechungsversicherung / Geschäftsinhaltsversicherung / Glasversicherung		Abhängig von der Art des Unternehmens, der maximalen Schadenshöhe und der Prämie.
Produkt-Haftpflichtversicherung		Für produzierende Unternehmen zwingend zu empfehlen.
Umwelt-Haftpflichtversicherung		Für Unternehmen, die mit Gefahrstoffen arbeiten, zwingend zu empfehlen

<u>Tipp:</u>

Einen Abschluss von Versicherungen für Ihr Unternehmen müssen Sie allein entscheiden. Sie können sich allerdings weitere Informationen aus Finanzzeitschriften, dem Internet bzw. über einen Gründungsberater einholen. Manchmal sind auch Tipps von Freunden, Bekannten oder Geschäftspartnern, die bereits Erfahrung sammeln konnten, nützlich. Denken Sie bei der Auswahl einer Versicherung auf jeden Fall immer an den Kosten-Nutzen-Faktor.

Altersvorsorge für Selbstständige

Im vorherigen Kapitel haben wir Ihnen verschiedene Versicherungen vorgestellt, mit denen Sie sich selbst, aber auch Ihr neues Unternehmen schützen können. Das Ganze basiert aber auf die gegenwärtige Ausgangssituation. Wie sieht es aber mit der Zukunft aus? Natürlich wünscht man Ihnen, nicht nur für den Start, sondern auch dauerhaft einen großen Erfolg Ihres Unternehmens. Allerdings gibt es mit ziemlicher Sicherheit auch eine Zeit nach der Selbstständigkeit. Sicherlich haben Sie sich zu Beginn des Weges in die Selbstständigkeit wenig Gedanken über Ihre Altersvorsorge gemacht. Allerhöchstens noch über die Höhe des Rentenbezuges, den Sie vielleicht mit Renteneintritt ausgezahlt bekommen würden. Es war schließlich alles geregelt. Jeden Monat wurde ein fester Beitrag in die Rentenversicherung eingezahlt und gut war es.

Mit dem Schritt in Ihre Selbstständigkeit ändert sich dies aber! Sie sind jetzt allein verantwortlich, wie Sie Ihre Altersversorgung gestalten wollen. Grundsätzlich gilt (**noch**):

Selbstständige sind nicht verpflichtet in eine Rentenversicherung einzuzahlen! Weder gesetzlich noch privat.

Das **noch** steht zwar in dieser Aussage, allerdings denkt die Bundesregierung derzeit über eine Änderung dieser Situation nach. Ab 2020 soll eine verpflichtende Altersvorsorge von Selbstständigen eingefordert werden. Der Grund liegt darin, dass ein hoher Anteil der Selbstständigen nicht in einen finanziell abgesicherten Ruhestand gehen kann, weil eben keine Vorsorge geleistet wurde. Doch sind schon jetzt einige selbstständige Berufsgruppen zu einer privaten Vorsorge verpflichtet.

Im Einzelnen handelt es sich um:

- Lehrer, Erzieher und Pflegekräfte, die keine versicherungspflichtigen Arbeitnehmer beschäftigen
- Hebammen
- Hausgewerbetreibende
- Künstler und Schriftsteller
- Seelotsen und Küstenschiffer
- Handwerker, eingetragen in die Handwerksrolle
- Selbstständige, die ausschließlich für einen Auftraggeber arbeiten

Beschäftigen wir uns also mit Ihrer Altersvorsorge. Sollten Sie nicht über einen hohen, frei verfügbaren Geldbetrag verfügen, um im Alter ausgesorgt leben zu können, wäre es jetzt ratsam, sich Gedanken über eine Altersvorsorge, besser gesagt eine Rentenversicherung, zu machen. Für eine Vorsorge stehen Ihnen unterschiedliche Möglichkeiten in einer gesetzlichen oder privaten Rentenversicherung zur Verfügung:

- Als freiwilliges Mitglied die gesetzliche Rentenversicherung
- Eine private Rentenversicherung
- Die Basisrente oder auch „Rürup-Rente“ genannt
- Die Zulagenrente (Riester-Rente)

Bevor Sie sich aber entscheiden, sollten Sie sich direkt an die örtliche Beratungsstelle der Deutschen Rentenversicherung wenden. Dort können Sie sich kostenlos beraten lassen.

Gesetzliche Rentenversicherung als freiwilliges Mitglied

Wenn Sie sich für die gesetzliche Rentenversicherung entscheiden, ändert sich zuerst einmal nur die Höhe der Beitragszahlung für Sie. Im angestellten Verhältnis war der Beitragssatz vorgegeben (18,6 Prozent für 2020 zzgl. Pflegeversicherung). Der große Unterschied liegt jetzt als

Selbstständiger darin, dass Sie den vollen Beitrag leisten müssen. Ein Zuschuss durch den Arbeitgeber entfällt. Sie haben allerdings zwei Möglichkeiten zur Wahl:

- Sie können die Höhe des Pflichtbeitrags selbst bestimmen.
  - Die Spanne liegt zwischen einem Mindestbeitrag pro Monat (ca. 85,00 € für 2020) und einem Höchstbetrag pro Monat (ca. 1.200,00 €).
- Sie können die ersten 3 Jahre nach Aufnahme Ihrer selbstständigen Tätigkeit nur die Hälfte des Regelbetrags pro Monat einzahlen.

Sie können auch den Zeitraum Ihrer Einzahlungen bestimmen: monatliche Beiträge oder 1 x jährlich.

- Aber wie sollen Sie sich jetzt bloß entscheiden?
- Den vollen Pflichtbeitrag einzahlen oder aufgrund des knappen Budgets doch lieber etwas weniger?
- Wurde in Ihrem Finanzplan der Posten für Ihre Altersvorsorge berücksichtigt?
- Wenn ja, wie hoch ist der Betrag?
- Soll dieser Betrag dauerhaft bestehen oder wollen Sie ihn später aufstocken?
- Mit welcher Rentenhöhe planen Sie denn Ihr Leben im Alter?

Bei der Vielzahl der Fragen wäre eine Beratung bei der Rentenversicherungsanstalt hilfreich. Nutzen Sie die kostenlosen Angebote.

Sie sollten aber wissen, dass Ihre gesamten Einzahlungen zum späteren Renteneintritt auf 20 Jahre gestreckt werden. Etwas klarer ausgedrückt: Es wird von einer durchschnittlichen Lebenserwartung von mehr als 20 Jahren nach Rentenbeginn ausgegangen und genau für diesen Zeitraum werden Ihre Rentenbezüge berechnet.

Beispiel: Berechnung einer monatlichen Rente

Berücksichtigung findet der Versicherungsstand von 2020.

Anpassungen der Rente sind nicht eingearbeitet.Grundlagen für dieses Beispiel sind:

- Sie haben **noch** eine Beitragspflicht von 30 Jahren
- Sie zahlen den monatlichen **Mindestbeitrag** in Höhe von 90,00 € pro Monat ein
- Sie zahlen einen **freiwilligen Betrag** in Höhe von 600,00 € pro Monat ein

Beitrag pro Monat	**Beitrag pro Jahr**	**Streckungszeit**	**Rentenfaktor**	**Noch offene Beitragspflicht**	**monatliche Rente**
90,00 €	1.080,00 €	20 Jahre	4,5	30 Jahre	***135,00 €***
350,00 €	4.200,00 €	20 Jahre	17,5	30 Jahre	***525,00 €***
600,00 €	7.200,00 €	20 Jahre	30	30 Jahre	**900,00 €**

Nicht berücksichtigt wurden in diesem Beispiel die Zeiten einer vorherigen Beitragszahlung, die während Ihrer Tätigkeit im angestellten Verhältnis gelaufen ist. Diese Werte müssten auf die entsprechenden Werte zugeschlagen werden. Erfahrungsgemäß sind diese Werte aber nicht besonders hoch, da Ihr Einkommen in jungen Jahren nur langsam gestiegen sein dürfte und dadurch relativ wenig in die gesetzliche Rentenversicherung eingezahlt wurde.

Sollten Sie jetzt zu der Erkenntnis kommen, dass dieser ausgewiesene Rentenbezug für Sie nicht ausreichend ist und vermutlich Ihr gewohnter Lebensstandard nicht erhalten bleibt, gibt es noch zwei Möglichkeiten zur Veränderung:

- Den Beitrag der Einzahlung in die gesetzliche Rentenversicherung zu erhöhen. So würde eine Erhöhung des monatlichen Beitrags auf 900,00 € im angegebenen Beispiel eine monatliche Rentenzahlung in Höhe von 1.350,00 € ergeben.

- Sie informieren sich über private Zusatzversicherungen.

Informationen über zusätzliche Versicherungen erhalten Sie nachfolgend.

Private Rentenversicherung

Die privaten Rentenversicherungen werden in zwei Varianten aufgeteilt:

- die staatlich geförderten privaten Rentenversicherungen
- die klassischen privaten Rentenversicherungen

Der Eintritt in eine private Rentenversicherung ist grundsätzlich jedem freigestellt, gleich ob selbstständig oder angestellt. Die Überlegung, sich privat zu versichern, wird aufgrund der demografischen Entwicklung immer wichtiger. Wissenschaftler haben ermittelt, dass in 20 Jahren jeder dritte Arbeitnehmer einen Rentenbezug unterhalb der Armutsgrenze erhält.

Kommen wir zurück auf Ihre Rentenplanung als Unternehmer und der gesetzlichen Variante, die bereits angesprochen wurde. Lohnt es sich überhaupt für Sie, als Alternative eine private Rentenversicherung abzuschließen? Wenn Sie fest davon ausgehen, als Selbstständiger stets so gut zu verdienen, dass es Ihnen nicht so sehr auf den Euro ankommt, kann man die Frage eindeutig mit „Ja" beantworten. Wenn Sie aber glauben, diesen Euro nicht dauerhaft übrig zu haben, sollten Sie keine private Rentenversicherung abschließen. Später nicht eingezahlte Beiträge wirken sich nachhaltig negativ auf Ihren Rentenbezug aus.

Tipp!!!

Nutzen Sie einen Mix aus gesetzlicher und privater Rentenversicherung. Das ist nämlich ohne Probleme möglich. Sie haben alle finanziellen Freiheiten, sich einen vernünftigen Lebensstandard im Rentenalter zu schaffen.

Nachfolgend eine Auswahl von staatlich geförderten, privaten Rentenversicherungen mit einigen Informationen.

Riester-Rente

Diese Form der privaten Rentenversicherung dürfte vom Namen her die bekannteste sein. Bei der Riester-Rente können Sie neben dem Ansparen eines Rentenbetrags weitere Vorteile nutzen:

- Sie erhalten von staatlicher Seite einen finanziellen Zuschuss
- Sie können die Beiträge / Zuschüsse bis zu einer Höhe von 2.100,00 € steuerlich als Vorsorgeaufwendungen geltend machen
- Sie erhalten pro Jahr einen Grundzuschuss in Höhe von 150,00 € und einen Zuschuss pro Kind in Höhe von 300,00 €.

Um die Vorteile der Riester-Rente bei einer Selbstständigkeit voll in Anspruch nehmen zu können, müssen Sie allerdings vorrangig in eine gesetzliche Rentenversicherung einzahlen. Sollte Ihr Ehepartner ebenfalls die Riester-Rente abgeschlossen haben, werden die staatlichen Zuschüsse (Grund- und Kinderzuschuss) nur für einen Vertrag gezahlt. Die 2.100,00 € dagegen können als absetzbare Vorsorgeaufwendungen für beide Verträge geltend gemacht werden.

Rürup-Rente

Die Rürup-Rente gleicht zu großen Teilen der Riester-Rente, wurde aber vorrangig für Selbstständige ohne eine bestehende gesetzliche

Rentenversicherung, aber mit einem hohen Einkommen, entwickelt. Bei der Rürup-Rente können Sie ebenfalls Beiträge steuerlich als Vorsorgeaufwendung absetzen. Für das Steuerjahr 2020 betrifft dies einen Höchstbetrag von 24.305,00 € und darauf einen Anteil von 90 Prozent. Dieser Anteil erhöht sich bis zum Jahr 2025 auf 100 Prozent. Ein staatlicher Zuschuss erfolgt allerdings keiner. Der Fördereffekt liegt lediglich in der Möglichkeit, höheren Beiträge steuerlich geltend zu machen.

Beispiel: Vergleich steuerliche Erstattung bei Riester- und Rürup-Rente

Lohnsteuerklasse III	**RIESTER Verheiratet / 1 Kind / ohne Erstvertrag**	**RIESTER Verheiratet / 1 Kind / mit Erstvertrag**		**RÜRUP Verheiratet / 1 Kind**
Einkommen Jahr	60.000,00 €	60.000,00 €		60.000,00 €
Steuersatz in %	31	31		31
Beiträge im Jahr	4.800,00 €	4.800,00 €		4.800,00 €
Absetzbar ges.	1.488,00 €	1.488,00 €		4.320,00 €
Davon 31 %	**+ 461,28 €**	**+ 461,28 €**		**+ 1.814,40 €**
Grundzulage	**+ 175,00 €**			
Kinderzulage	**+ 300,00 €**			
Erstattung	**+ 936,28 €**	**+ 461,28**		**+ 1.814,40 €**

Tipp:

Sie können auch beide Renten als Paket abschließen. Dann nutzen Sie bei Riester die Zulagen, bei Rürup die steuerlichen Vorteile.

Neben diesen beiden Varianten einer privaten Rentenversicherung können Sie noch weitere Investitionsmöglichkeiten in Betracht ziehen, z. B.:

- Investitionen in Aktienfonds
  - Wenn Sie keine ausreichenden Erfahrungen mit dem Handeln an der Börse haben, sollten Sie lieber von dieser Möglichkeit Abstand nehmen. Sämtliche Börsenaktivitäten unterliegen nun einmal der Spekulation. Das kann zwar sehr schnell zu hohen Gewinnen führen, umgekehrt aber auch sehr schnell zu herben Verlusten. Dann kann Ihre private Altersvorsorge schnell platzen.
- Lebensversicherung
  - Ob sich heute der Abschluss einer Lebensversicherung als Vorsorge für das Alter noch lohnt, ist durchaus umstritten. Zum einen gibt es kaum Erträge, folglich eine geringe Kapitalbildung, zum anderen lohnen sich diese Verträge erst bei einer längeren Laufzeit. Ein Vorteil dagegen ist, dass im Todesfall der Partner und die Familie abgesichert sind.
- Sofortrente
  - Mit dem Abschluss einer Sofortrente haben Sie noch kurz vor Renteneintritt die Möglichkeit in eine Rente einzusteigen. Sie müssen einen größeren Betrag in die Versicherung einzahlen und erhalten daraufhin einen fortlaufenden Rentenbezug.
- Aufgeschobene Rentenversicherung
  - Diese Versicherung gestaltet sich ähnlich wie die Sofortrente. Allerdings findet hier die Einmalzahlung noch weit vor Renteneintritt statt und der Termin für einen Rentenbezug wird zu einem späteren Zeitpunkt vereinbart.

Tipp:

Für die Sofortrente oder aufgeschobene Rentenversicherung bietet sich der Wert einer auslaufenden Lebensversicherung als Einmalzahlung an.

Anmeldungen

Sie haben jetzt alle Planungen abgeschlossen. Sie haben Ihre Finanzierung abgestimmt und Sie brennen darauf, Ihren neuen Lebensabschnitt als selbstständiger Unternehmer zu starten. Aber können Sie denn jetzt schon starten? Nein! Es fehlt noch etwas: Die Anmeldung Ihres Gewerbes. Erneut stellen sich einige Fragen:

- **Wann** müssen Sie das Gewerbe anmelden?
- **Wo** melden Sie Ihr Gewerbe an?
- **Welche** Unterlagen benötigen Sie für eine Anmeldung?
- **Was** kostet Sie die Anmeldung?

Wann

Der Zeitpunkt einer Gewerbeanmeldung ist durch eine gesetzliche Richtlinie genauestens geregelt. In der Gewerbeordnung § 14 steht geschrieben:

> **Zitat: Wer den selbstständigen Betrieb eines stehenden Gewerbes, einer Zweigniederlassung oder einer unselbstständigen Zweigstelle anfängt, muss dies der zuständigen Behörde gleichzeitig anzeigen.**

Das entscheidende Wort ist in diesem Text der Begriff „anfängt“. Damit ist nämlich nicht der Zeitpunkt gemeint, an dem Sie quasi den Firmenschlüssel umdrehen und mit Ihrem Verkauf oder Ihrer Dienstleistung beginnen, sondern mit dem Zeitpunkt, an dem Sie mit gezielten Vorbereitungsmaßnahmen starten.

Wo

Ein Gewerbe wird grundsätzlich beim zuständigen Gewerbeamt

angemeldet. Den Standort Ihres zuständigen Amtes können Sie bequem über das Internet recherchieren. Die notwendigen Antragsunterlagen können Sie in der Regel über die Internetseite des zuständigen Amtes ausdrucken. Nach der Anmeldung und der Ausstellung des Gewerbescheins können Sie mit Ihrem Unternehmen die Arbeit aufnehmen.

Welche

Im Regelfall reicht Ihnen für die Anmeldung ein gültiger Personalausweis, alternativ der Reisepass. Wollen Sie allerdings einen Handwerksbetrieb gründen, benötigen Sie zusätzlich noch die sogenannte Handwerkskarte. Die Handwerkskarte erhalten Sie nur, wenn Sie auch bei Ihrer zuständigen Handwerkskammer verzeichnet sind (in der Handwerksrolle) und dazu den notwendigen Meisterbrief vorgezeigt haben.

Eine Ausnahme von dieser Regelung betrifft die handwerksähnlichen Betriebe, zu denen Fliesenleger, Holzbildhauer, Fußpfleger usw. gehören. Für diese Gewerbe benötigen Sie nur eine Bescheinigung über die Anzeige (Gewerbekarte) bei der Handelskammer. Eine genaue Aufstellung der Gewerbe, die als handwerksähnlich eingestuft sind, erhalten Sie bei Ihrer zuständigen Handwerkskammer.

Die Anmeldung eines Gewerbes, bei dem mit Gefahrstoffen umgegangen wird, kann nur mit zusätzlichen, amtlich bestätigten, Umgangsgenehmigungen erfolgen.

Was

Die Anmeldung eines Gewerbes ist relativ günstig. Je nach Gewerbe-Standort liegen die Gebühren zwischen 10,00 € - 60,00 €.

Gehen Sie als Freiberufler in Ihre zukünftige Selbstständigkeit müssen Sie sich nicht beim Gewerbeamt anmelden. In diesem Fall melden Sie sich direkt beim Finanzamt an.

Nach Anmeldung Ihres Gewerbes sind noch zusätzliche

Anmeldungen notwendig. Dazu müssen Sie aber nicht persönlich aktiv werden. In Deutschland gibt es mittlerweile einen Automatismus. Das Gewerbeamt unterrichtet folgende Ämter bzw. Verbände:

- das zuständige Finanzamt
- die Industrie- und Handelskammer (I H K) bzw.
- die zutreffende Handwerkskammer (H W K)
- die zuständige Berufsgenossenschaft

Das Finanzamt

Vom Finanzamt erhalten Sie einige Tage nach Ihrer Gewerbemeldung einen „Fragebogen zur steuerlichen Erfassung". Diesen Fragebogen sollte Sie gründlich und wahrheitsgetreu ausfüllen. Die Antworten dieser Fragen sind für die zukünftige steuerliche Bewertung Ihres Unternehmens äußerst wichtig. Die wichtigste Angabe ist dabei die Umsatzprognose Ihres Unternehmens.

Wenn Sie diese Prognose sehr niedrig angeben, besteht die Möglichkeit, Ihr Gewerbe vorerst von der Abgabe einer Umsatzsteuererklärung zu befreien. Das bedeutet aber nicht, dass Sie grundsätzlich von der Abgabe einer Umsatzsteuer befreit sind. Spätestens mit der jährlichen Steuerabrechnung wird dieser Faktor neu festgelegt, ggf. erfolgen Nachforderungen durch das Finanzamt.

Des Weiteren erhalten Sie vom Finanzamt mit Abgabe dieses Fragebogens ein paar Tage später Ihre Steuernummer.

Planen Sie Ihre geschäftlichen Tätigkeiten zusätzlich innerhalb des europäischen Auslands, benötigen Sie eine weitere Steuernummer, die Umsatzsteuer-Identifikationsnummer. Damit sind Sie berechtigt im europäischen Ausland Waren oder Dienstleistungen umsatzsteuerfrei einzukaufen. Den Antrag für die Umsatzsteuer-Identifikationsnummer richten Sie an das Bundeszentralamt für Steuern in Bonn.

Die Industrie- und Handelskammer (I H K)

Eine Mitgliedschaft in der I H K ist in Deutschland vorgeschrieben. Nach Anmeldung durch das Gewerbeamt erhalten Sie von der entsprechenden Kammer alle Informationen, die für Ihre Mitgliedschaft nötig sind. Als Mitglied der I H K sind Sie verpflichtet, Mitgliedsbeiträge zu zahlen. Diese Beiträge richten sich nach der Leistungskraft Ihres Gewerbes und wird für jedes Jahr neu festgelegt. Als Gegenleistung erhalten Sie neben aktuellen Informationen zur Wirtschaftslage auch einige kostenfreie Dienstleistungen, z. B.:

- Beratungen, z. B. für Existenzgründer
- Seminare zu unternehmerischen Tätigkeiten, z. B. Umweltthemen, Recht, Steuern
- Weiterbildung von Mitarbeitern

Eine Befreiung von der Beitragszahlung kann unter bestimmten Gründen erfolgen. Dazu erhalten Sie nähere Informationen bei Ihrer zuständigen I H K.

Die Handwerkskammer (H W K)

Auch eine Mitgliedschaft in einer Handelskammer ist in Deutschland vorgeschrieben. Die Höhe des Mitgliedsbeitrags regelt hier die Handwerksordnung § 113. Die Gegenleistungen daraus sind nahezu identisch zur I H K. Es besteht allerdings ein Unterschied zur I H K. Ihre Mitgliedschaft wird automatisch angemeldet. Sie müssen aber trotzdem persönlich für die Eintragung in die Handwerksrolle sorgen. Zusätzliche Informationen erhalten Sie bei Ihrer zuständigen Handwerkskammer.

Berufsgenossenschaft

Die Aufgabe einer Berufsgenossenschaft gliedert sich in zwei Bereiche:

- Berufsgenossenschaften gelten als Träger einer gesetzlichen

Unfallversicherung für Unternehmen

- Berufsgenossenschaften beraten Unternehmen bei der Arbeitssicherheit

Die Anmeldung bei der Berufsgenossenschaft erfolgt ebenfalls über das Gewerbeamt. Sie sollten sich aber, soweit Ihr Betrieb schon die Arbeit aufgenommen, innerhalb einer Woche bei der Genossenschaft melden. Welche Berufsgenossenschaft für Sie zuständig ist, können Sie bei der Deutschen Gesetzlichen Unfallversicherung (DGUV) erfahren. Sie sind allerdings als Unternehmer nicht verpflichtet, eine gesetzliche Unfallversicherung abzuschließen. Es bietet sich aber schon allein zur eigenen Sicherheit und die Ihrer Mitarbeiter an. Die Beiträge unterscheiden sich nach der jeweiligen Branche und sind abhängig nach

- der Summe aller gezahlten Löhne (brutto)
- einer, für Ihr Unternehmen, zutreffenden Gefahrenklasse

Sechs Schritte auf dem Weg in die Selbstständigkeit

Nachfolgend sehen Sie eine Zusammenfassung der einzelnen Schritte auf dem Weg von der Idee bis zur Gründung Ihres Unternehmens. Die einzelnen Maßnahmen bzw. Informationen können Sie anhand der angegebenen Seitenzahlen im Buch noch einmal nachlesen.

Tabellarische Darstellung

Schritt 1				
Überlegungen	**Schritt 2**	**Schritt 3**		
Voraussetzungen	Rechtsform	Marketing	**Schritt 4**	
Persönlichkeit	Neugründung	Werbung	Steuern	**Schritt 5**
Geschäftsidee	Businessplan			Versicherung
Kundengruppe	Förderung			Altersvorsorge
Marktanalyse	Finanzierung			
Vertriebsziel				
Kundenbindung				

Schlusswort

Was muss man nicht alles beachten und planen, wenn man den großen Schritt in die eigene Selbstständigkeit vollziehen möchte?!

- **Wie** entwickelt man eine Geschäftsidee?
- **Wie** gewinnt man Kunden?
- **Welche** Rechtsform sollte man wählen?
- **Wie** sollte ein Businessplan aufgebaut werden?
- **Wo** und von wem kann man finanzielle Unterstützungen erhalten?
- **Wie** überzeugt man zukünftige Kapitalgeber von der Geschäftsidee?
- **Wie** verhält es sich mit Steuern und Versicherungen?
- **Wie** läuft es mit den behördlichen Anmeldungen?
- **Wie** ist es mit der persönlichen Lebensabsicherung?

Nur ein paar Fragen, die Sie vor der Gründung Ihres Unternehmens klären müssen.

In diesem Buch wurden Ihnen eine Vielzahl von Anregungen und Tipps vorgestellt, die alle relevant sind, um Ihr Vorhaben zu gestalten. Sie haben den Grundstock für eine erfolgreiche Unternehmensgründung erhalten und vieles mehr, was Sie für eine erfolgreiche Gründung wissen müssen. Sie wurden bestärkt, Ihre Idee, den Weg in eine neue berufliche Herausforderung, nicht zu verlassen. Auch dann nicht, wenn es einmal nicht ganz so super läuft. Suchen Sie nach der Lösung. In diesem Buch finden Sie bestimmt den Weg dazu.

Am ersten Tag Ihrer Selbstständigkeit werden Sie einen Teil des Buchtitels neu beschreiben können:

aus

Traum oder Wirklichkeit

wird

Der Traum ist Wirklichkeit

Wir danken Ihnen für Ihr Interesse und Ihr Vertrauen. Als Dankeschön dafür, haben wir eine besondere Überraschung. Sie wollen erfolgreicher durchs Leben gehen und suchen nach einer Möglichkeit, dies zu schaffen? Dann freuen Sie sich über exklusive Tipps, wie Ihnen das gelingen kann. Das Beste: Sie erhalten diese vollkommen kostenlos. Das klingt wunderbar? Dann warten Sie nicht lange und holen Sie sich Ihr Gratis-Geschenk.

Hier geht es zu Ihrem Gratis-Geschenk:

https://forms.gle/iTZWhyc1n45BZMvj8

1. **Öffnen Sie die Kamera-App auf Ihrem Smartphone und richten Sie die Kamera auf den QR-Code.**
2. **Klicken Sie auf den Link, der Ihnen angezeigt wird und schon werden Sie zur Website weitergeleitet.**

Impressum

Herausgeber: Orbita Media Verlag GmbH & Co. KG / Ericusspitze 4 / 20457 Hamburg
Kontakt: kontakt@empireofbooks.de
Website: https://empireofbooks.de
Coverbild: Shutterstock